LA BIOLOGIE
DANS LE BOUDOIR

ALAIN PROCHIANTZ

LA BIOLOGIE
DANS LE BOUDOIR

Avant-propos

Le dialogue est le mode privilégié de l'explication. Je ne parle pas ici de cet échange, toujours riche en malentendus, entre l'interrogateur « faux naïf » et l'interrogé « supposé savoir », mais de ce long monologue, de ce discours entre soi et soi qui relève de la réflexion, et non de l'information.

Le petit théâtre intérieur, ainsi joué devant le lecteur, comme à nu, est une forme ancienne, noble, de vulgarisation scientifique. À son apogée au XVIIIᵉ siècle, ce procédé est aujourd'hui tombé en désuétude, injustement. Pourtant il est digne d'intérêt et non dénué d'efficacité, car il ne repose pas seulement sur la description ou sur l'explication. À contre-courant d'une époque toute de progrès et de religion positive, il privilégie en effet l'interrogation et le doute, lesquels, en science, sont au cœur de toute vérité.

Le contenu de ces ouvrages, qui font ainsi appel à la forme littéraire du dialogue, est, bien entendu, scientifique. Le contact de la science et de la littérature est contraire à l'idée qu'on se fait de la pureté logicienne censée régner sans partage dans la Cité des savants ; il sent un peu le soufre. C'est qu'il est commun, dans cette Cité, de sous-estimer l'importance du langage non pas dans la communication, mais dans la création. Il est bien naturel que la science s'explique au mieux là même où elle s'invente, c'est-à-dire dans l'espace indécis où, portée par la théorie, elle quitte le terrain de la certitude pour travailler avec des mots.

Ce lieu, à mi-chemin entre le monde du rêve et celui de la pure logique, entre la chambre et le salon, le boudoir, suffirait certainement à justifier le titre de cet ouvrage. Mais ce serait insuffisant, car le choix, parmi les philosophes du XVIIIe siècle, de Sade n'est pas innocent.

La Philosophie dans le boudoir est un livre dont la structure est, avant tout, pédagogique : les dialogues permettent de préparer puis de commenter un texte central, théorique, difficile, sans concessions inutiles — trop souvent lu en diagonale par ceux qui s'obstinent à ne voir en Sade qu'un pornographe. Il y a donc dans ce choix un argument de forme, l'auteur ayant adopté, ici, une structure semblable.

Mais de fond également, car Sade, le plus radicalement matérialiste de tous les philosophes de son temps, est aussi le plus intéressé par l'individuation, c'est-à-dire par ce qui différencie chaque individu au physique comme au moral, étant entendu qu'il ne fait là aucune distinction, traçant, le premier, la relation d'identité absolue entre corps et pensée.

Par sa réflexion sur l'individuation, au centre de sa philosophie de la nature, Sade ouvre la voie à une interrogation sur la question de l'Universel. Si chaque individu est, par nature, unique, comment peut-il relever d'une morale s'appuyant sur la nature considérée comme un Universel ? À ce titre, la lecture de Sade est d'une grande richesse pour la science neurobiologique, qui ne peut faire l'économie de s'interroger sur la façon dont l'irruption du langage, qui fait de l'être humain le lieu d'une individuation infinie, en abîme, abolit la notion même de nature.

Morale de l'individu, donc, voici un autre biais par où justifier la référence sadienne en cette fin de siècle où le biologiste, en tant que spécialiste de la nature, est sommé de se prononcer sur des questions dites d'éthique. Moraliste, Sade ? Comment dire autrement d'un auteur qui a réfléchi avec autant de constance et de profondeur aux conséquences sociales de l'absence de Dieu et de l'individuation extrême de l'être humain ?

Qu'au terme d'une longue nuit bastillenne, imposée par l'absolutisme de la lettre de cachet, un homme trouve encore la force philosophique, sous la Terreur, de sauver du couperet ceux-là mêmes qui avaient œuvré à son long enfermement, et le courage, également philosophique, de s'opposer à la peine de mort au risque d'y laisser sa propre tête – on sait qu'il s'en fallut d'une nuit –, cela n'est-il pas admirable ?

Un mot encore. Le lecteur remarquera sans doute, dans le texte qui va suivre, la présence de citations, parfois exactes, souvent approximatives, volontairement telles. Certaines sont soulignées, d'autres sont glissées sans autre indication que leur beauté propre. Plagiat, pourra-t-on dire. Je propose le terme de collage. Et si on insiste à réprouver le procédé, j'invoquerai une pratique, courante dans nos milieux scientifiques : omettre de faire référence à un collègue, quand bien même il vous aurait passablement inspiré. Les idées sont à tout le monde, diront ceux qui n'en ont guère.

Palsambleu ! Ils ne savent pas ce que cela coûte.

Des formes

Pour arriver au château de S., nom donné à une ferme fortifiée dominant une vallée étroite, dite « Gorge aux Loups », il fallait, à quatre kilomètres du petit village de P., quitter à angle droit une route communale et s'engager sur un chemin pierreux. Passé un pont aux trois arches romanes, on gravissait une colline couverte de buissons et de sarments, dominée par la pâle et régulière ordonnance d'oliviers centenaires et à l'abandon.

Le château était cerné d'une végétation exubérante et sombre qui, contrastant avec la sécheresse de la campagne avoisinante, dénotait la présence souterraine de l'eau. Par son aspect extérieur, la demeure, composée de plusieurs bâtisses, était austère : une petite chapelle, un four à pain et une forge maintenant à l'abandon, indiquaient au voyageur que les habitants de ce lieu, au temps de sa splendeur, étaient voués à une existence autarcique.

C'étaient là cependant des temps révolus, seul le bâtiment principal étant encore habité. Haut de deux étages, il était bordé d'une grande terrasse en forme de parallélépipède d'où l'on pouvait surveiller la route qui, depuis le fond de la vallée, serpentait vers la propriété.

L'intérieur du corps de logis était d'un extrême confort, presque luxueux, et entretenu par de nombreux domestiques choisis parmi les villageois de P. dont la fidélité au maître des lieux, un certain Honoré des Cambes, était suffisamment éprouvée et, au besoin, renforcée, pour les plus récents, par la prodigalité d'Honoré, qui jouissait d'une fortune considérable maintes fois reconstituée et maintes fois dilapidée au cours des générations. En dehors de leur fidélité, les serviteurs étaient remarquables par leur beauté ou leur caractère. Pour en être, il fallait qu'ils eussent, comme on dit, de la gueule.

Au rez-de-chaussée, une vaste cuisine donnait directement sur la salle à manger, à laquelle on pouvait également accéder par un vestibule orné de boiseries précieuses qui s'ouvrait symétriquement sur un grand salon dit « aux chinoiseries ». Illuminée par trois portes-fenêtres, cette pièce, dont les murs étaient constellés d'estampes et de miroirs, avait été décorée par l'arrière-grand-père d'Honoré, un gentilhomme gascon mort sous la

Terreur d'une mauvaise chute de cheval. Le salon donnait sur la bibliothèque, dont les rayons de chêne clair abritaient non seulement toutes les œuvres des grands biologistes et philosophes des quatre derniers siècles, mais aussi de nombreux ouvrages littéraires ; l'« enfer » recélait des trésors d'éditions rares et précieusement illustrées.

Toutes les pièces du rez-de-chaussée, à l'exception de la cuisine, qui donnait directement, par quelques marches, sur le jardin, ouvraient sur la terrasse. Au premier étage, un couloir très large desservait des chambres spacieuses, plaisamment décorées, chacune attenante à une salle d'eau. La plus éloignée de l'escalier, celle d'Honoré, était également accessible à partir d'une petite tour contiguë au bâtiment, ce qui permettait à ses occupants, si le besoin s'en faisait sentir, des entrées et des sorties discrètes. Les vues étaient uniformément tournées vers la vallée. Le deuxième et dernier étage était réservé à la domesticité.

C'est en ces lieux qu'Honoré, éminent biologiste, mais également homme d'esprit doué d'une immense culture et d'un penchant certain pour le libertinage, avait décidé de tenir un séminaire dont le but était de fournir une éducation rapide mais de qualité à Laure Calvette, une jeune Suissesse, fille unique d'un de ses amis. Aux dires d'Honoré qui l'avait aperçue à l'occasion d'un voyage à Genève, la jeune femme, qui se destinait aux sciences biologiques, pouvait à juste titre être considérée, pour reprendre une citation célèbre, comme « le plus beau cul qui fût jamais descendu des montagnes de Suisse ».

La réunion devait donc porter sur les principes essentiels de la biologie et, plus particulièrement, sur la nature de la pensée. Pour le seconder dans cette tâche, Honoré s'était adjoint le concours de sa jeune maîtresse, Leanore Smith, et de son ami Paul du Châtelet, eux-mêmes férus de sciences naturelles. Leanore était native de Brighton et Paul, de Bezons, où il avait reçu une solide éducation marxiste dont, malgré ses efforts, il lui restait encore quelques traces. Par moquerie pour ses ascendances aristocratiques, ses amis l'appelaient Paulo de Bezons, ou, plus simplement, Paulo. Pour faire toute sa part au corps, un couple de danseurs-musiciens, Marc et Claude, amis très intimes de Paul, avait également été convié.

Nous les surprenons au soir de leur arrivée, alors qu'ils attendent Laure que Claude est allée chercher à la gare la plus proche.

HONORÉ : Mes chers amis, nous sommes réunis ici pour instruire la jeune personne qui nous est confiée des progrès les plus récents des sciences biologiques. Deux points me tiennent particulièrement à cœur. Le premier a trait à la notion d'individu ou, si vous préférez, d'individuation. Avec, en arrière-plan, les différents sens pris par ce concept en raison des espèces auxquelles il s'applique. Mon deuxième souci, dans cette aventure, est de convaincre Laure Calvette que, depuis le plus insignifiant des organismes jusqu'au plus évolué des vertébrés, il n'est pas plus de pensée sans corps qu'il n'est de corps sans pensée.

Marc ponctua cette déclaration d'une pirouette exécutée dans toutes les règles de l'art et ce malgré la rugosité de la terrasse sur laquelle les séminaristes étaient installés en cette fin d'après-midi, encore lourde des premières chaleurs de l'été. Ils buvaient du vin de Champagne.

HONORÉ : Merci, Marc, de mettre tant de grâce à un mouvement qui vaut toute démonstration, la danse étant, par définition, l'expression de l'identité entre corps et pensée. *Marc s'incline avec grâce.* L'affaire est sérieuse, car la jeune Laure, si j'en crois son père, est douée de toutes les qualités que l'on peut attendre d'une grande scientifique. Son intelligence et sa beauté, lesquelles, vous le constaterez, sont uniques, pourraient se trouver un jour irrémédiablement compromises si nous ne lui donnions les moyens de se défendre contre l'influence des sots et des puritains.

LEANORE : Si la fille est telle que tu le dis, l'entreprise devrait nous procurer bien des plaisirs.

Connaissant d'expérience l'enthousiasme d'Honoré dès qu'il s'agissait de l'éducation d'une jolie femme, elle avait parlé d'une voix moqueuse. Rien de tel que la beauté pour stimuler chez lui la fibre pédagogique... Paul, plus austère, conclut qu'on devrait d'abord examiner comment cette femme, si jeune, réagirait ; il lui semblait pour le moins optimiste de supposer qu'une enfant, enfin presque, puisse comprendre le vivant et la science biologique, alors que tant de savants immenses, tant de philosophes aguerris, en étaient encore à défendre un physicalisme contraire à la vivacité de l'objet. Quand ils ne niaient pas purement et simplement l'existence même du vivant sous prétexte que le corps était formé de matière !

HONORÉ : Ô combien de savants, combien de philosophes... Ce n'est pas Paulo de Bezons qu'on devrait t'appeler, mais Oceano Nox. Mon cher Paulo, ne t'emballe pas si vite. Oublie un instant ta méfiance naturelle et tes obsessions antiphysicalistes. Détends-toi, tu verras que je vous ferai bientôt une lecture qui ne saurait manquer de te réjouir.

Leanore intervint. Voilà qu'on commençait à donner des leçons ! Pourquoi une femme jeune et belle, innocente, ne pourrait-elle comprendre des notions inaccessibles à bien de ces docteurs auxquels Paul avait fait allusion. Lequel allait sans doute répondre — c'était un grand querelleur, terriblement formé à la dialectique, et qui, de surcroît, détestait ne pas avoir le dernier mot — quand Marc, qui venait d'exécuter un grand jeté lui ayant donné vue sur la vallée entière, s'écria : « Les voilà, les voilà ! »

On courut au bord de la terrasse observer la vieille Citroën 15, une traction avant qui avait eu son heure de gloire dans les années cinquante et dont Honoré n'avait jamais consenti à se séparer. La voiture gravissait le chemin à vive allure ;

une longue et blonde chevelure, celle de Laure à n'en pas douter, flottait au vent.

HONORÉ, *tout bas* : Si vous croyez que je vais dire qui j'ose aimer...

Leanore, qui se tenait à côté de son amant, avait fait mine de ne rien entendre : il avait été convenu entre eux que s'il était impossible d'empêcher la jalousie, ce sentiment ne devait en aucun cas entraver l'entreprise pédagogique.

Quelques instants plus tard, le coupé s'arrêta sur une petite esplanade aménagée devant l'entrée de la cuisine et des quelques marches accédant à la terrasse. Claude sortit la première, fit le tour par l'avant du véhicule et vint délivrer un des êtres les plus charmants qu'on pût imaginer.

La jeune Suissesse était vêtue, si l'on peut dire, d'une sorte de voile dont la texture d'une légèreté arachnéenne masquait à peine sa nudité. Sa taille était à étrangler entre deux mains. L'œil était immanquablement attiré par un léger et local resserrement de la maille qui masquait tout en la soulignant la confluence, troublante, de jambes d'une longueur inhabituelle. Les hanches légèrement lourdes n'avaient rien du galbe musclé qu'on aime à trouver chez un homme. On devinait plutôt qu'on ne voyait ses seins, blancs de cette lumière qui, émanant de tout son corps, auréolait un visage d'une innocente et enfantine douceur. Le noir de ses yeux contrastait avec une chevelure blonde qui, retombant éparse sur les épaules, ondulait jusqu'à la ligne des reins, doublant d'une ombre dorée le filet soyeux de la robe.

PAUL, *dans un murmure* : Elle est faite à ravir.

Honoré, qui s'était emparé de son mince bagage, présenta Laure à chacun puis la conduisit à sa chambre où il la laissa se délasser des fatigues du voyage. Le dîner qui devait être servi sur la terrasse était prévu pour neuf heures.

Paul, Honoré et Leanore se rassirent, comme perdus dans leurs pensées. Paul, à son habitude, fumait des Pall Mall sans filtre et ses yeux suivaient les volutes bleues de la fumée qui s'élevaient dans la pénombre naissante. Le silence était rythmé des pas de Marc et Claude qui dansaient, enlacés.

Laure les ayant rejoints, on put servir un dîner composé de mille plats succulents parmi lesquels chacun était libre de choisir ce qui convenait le mieux à son goût ou à son humeur. C'était la règle en ces lieux que d'offrir le choix le plus large possible, compte tenu des saisons, à la gourmandise et la fantaisie de chacun.

Honoré, prenant la parole, s'adressa à la nouvelle arrivée : Je me permets de te tutoyer et te demande d'en faire autant ; comme nous nous situons ici aux deux extrêmes de la pyramide des âges, il s'ensuivra un tutoiement général et, je l'espère, un rapprochement propre à faciliter l'activité éducative qui nous réunit. Ton père, mon vieil ami, à l'encontre de la volonté maternelle, t'a confiée à moi afin que tu apprennes le plus rapidement possible les bases essentielles de la philosophie biologique. Mes amis et Leanore, ma maîtresse, sont ici pour participer à ton éducation et pour m'aider à extirper de ta tête toutes les fausses idées qui auraient déjà pu s'y glisser malgré ton jeune âge.

Marc et Claude qui se tenaient légèrement à l'écart avaient commencé de picorer. Leurs mains et leurs bouches étaient tout affairées.

PAUL, *une grappe de raisin à la main* : Que crois-tu, Laure, que la pulpe de ce raisin devienne après avoir parcouru le chemin qui, des lèvres à la lymphe et de la lymphe à la moindre cellule, mène à son assimilation ? Sans doute, bonne élève comme nous te savons, es-tu convaincue que son suc fournira une part de l'énergie et des vitamines dont notre corps a besoin ? Mais tu es loin du compte si tu t'imagines que la nourriture est un simple combustible que l'on enfourne dans une bouche comme dans la gueule d'une machine. Une telle conception aurait pu satisfaire Lavoisier ou tout autre savant qui, mesurant ce qui sort et ce qui entre du corps, résumerait le phénomène de la nutrition à un simple bilan énergétique. En vérité, la nutrition n'est pas seulement organique mais, pour citer le grand Claude Bernard, organogénique. Tout en nourrissant le corps elle lui donne forme, soit qu'elle participe au maintien de cette forme, le corps étant le lieu d'une embryogénèse silencieuse, soit qu'elle en permette la modification de certaines parties, en particulier au niveau des cellules du cerveau qui sont agitées d'un mouvement incessant de croissance et de mort.

LEANORE : Ça commence sec.

LAURE : La vie pourrait-elle être croissance et mort, simultanément ?

PAUL : Mais, belle Eugénie,... *il se reprend.* Excuse cette erreur. Elle n'est due qu'à ta beauté. Ce sont presque les termes de Claude Bernard que tu viens de retrouver spontanément : « la vie c'est la mort ». Apprends que par cet aphorisme, il s'oppose au physicalisme vitaliste de Bichat, pour qui, tu le sais peut-être, la vie est l'ensemble des forces qui s'opposent à la mort, conception reprise par ceux des biologistes qui ne voient dans le corps qu'une machine cybernétique.

L'obscurité, en ces premières heures de la nuit avait masqué la rougeur de Laure. L'allusion à sa beauté chassa le léger dépit que la méprise de Paul avait fait naître dans le cœur d'une enfant, certes charmante, mais suffisamment ignorante en littérature pour avoir manqué la splendeur du compliment.

Claude, par taquinerie, se mit à chanter un air improvisé, rappelant à sa mémoire le quatrain dont Honoré avait imprudemment soufflé le premier vers :

> Si vous croyez que je vais dire
> > Qui j'ose aimer,
> Je ne saurais pour un empire
> > Vous la nommer

Mais nous allons chanter à la ronde
  Si vous voulez
Que je l'aime et qu'elle est blonde
  Comme les blés.

Pendant que Marc accompagnait la chanteuse en marquant légèrement les pas d'un menuet, Honoré s'essayait à quelques entrechats. Sa maladresse non dénuée de grâce était si comique que, chacun s'y essayant, il s'ensuivit une danse générale et improvisée au cours de laquelle furent échangés regards, caresses et baisers. Laure ne fut pas la dernière servie dans ce joyeux commerce. Honoré ayant donné le signal de la fin du désordre, on se remit à table. Tous avaient changé de place.

Leanore prit la parole. Un léger accent britannique donnait à sa voix un charme insidieux. Certains prétendaient même que c'est cette mélodie à la fois gouailleuse et gourmande qui avait conquis Honoré. Cette opinion ne préjugeait aucunement des autres qualités de la jeune Anglaise.

LEANORE : La vie est en effet créatrice de formes et on dira à juste titre qu'il n'y a que des formes dans la nature. Vois ta main, considère ton pied cambré qui pourrait presque faire honte à ceux de Marc et Claude, pourtant danseurs de métier : ne sont-ils pas faits des mêmes éléments, nerfs, muscles, os, tendons, peau ? Et pourtant, quelles différences dans les formes. Ton cerveau lui-même est une forme, toutes les cellules qui le composent, neurones et glies, sont des formes, parfois très belles, très élaborées, non sans rapport avec la pensée, la tienne en l'occurrence.

HONORÉ, *à l'oreille de Paul* : La sagouine brûle les étapes.

LAURE : Mais si ces formes sont pensée et si la pensée reste constante par certains aspects et changeante par d'autres, alors ces formes ne sont-elles pas à la fois constantes et changeantes ?

LEANORE : Il en est bien ainsi, comme il en est de tous les contacts ou synapses qui s'établissent entre les neurones : ils sont renouvelés au niveau moléculaire tout en étant maintenus dans leur structure générale, mais ils peuvent aussi changer, disparaître ou apparaître, en raison des différentes actions ou rêveries auxquelles tu es sujette. Tomberas-tu amoureuse que certains aspects de ta morphologie nerveuse changeront. À l'inverse, c'est ta constitution première qui déterminera ton amour pour tel ou telle, te rendant souvent indifférente à la vue même du plus bel objet.

LAURE : Suis-je donc le produit de mon histoire personnelle jusque dans la structure la plus intime de mon cerveau ?

PAUL : Oui, et si cette histoire qui est la tienne, en même temps qu'elle est part de l'histoire sociale, est appelée pensée, alors on pourra dire que si « le cerveau sécrète la pensée comme le foie sécrète la bile », c'est bien parce que la pensée, d'une certaine façon, sécrète aussi le cerveau.

LEANORE : Voilà une pensée peu matérialiste, il me semble, pour un marxiste.

HONORÉ : Détrompe-toi. Il ne suffit pas de se dire matérialiste pour l'être et je connais des matérialismes absolus qui confinent au spiritualisme.

MARC : Je ne sais ce qu'il entend par là, mais Paul a coutume de dire que la pensée n'est pas déposée dans le cerveau comme la confiture dans un pot.

La belle Laure laissa échapper un léger bâillement qui marquait sans doute la fatigue du voyage. On se leva, laissant la grande table dans le désordre pictural des fins de repas. Chacun se retira et l'on se coucha tôt, même si l'on put, dans certaines alcôves, s'endormir fort tard.

Pourquoi les mains pensent

Laure s'était levée de bonne heure. Installée sur la terrasse, elle admirait les collines qui se brisaient en descendant vers ce qui paraissait une plaine, se confondant dans le lointain avec les lumières bleutées de la mer. Elle fredonnait :

Elle est retrouvée
Quoi l'éternité
C'est la mer allée avec le soleil

Dans les hauteurs où se trouvait le château, le ciel était toujours agité et le visage de Laure appréciait cette molle et fraîche caresse. Sa rêverie prit un tour philosophique. Examinant ses mains, Laure ne voyait plus des doigts mais un rassemblement de muscles et de tendons, de vaisseaux et de nerfs, toutes ces parties elles-mêmes formées de cellules bien vivantes. Comment ne pas s'interroger – elle avait sagement renoncé à l'émerveillement – sur la façon dont cet assemblage tenait et se reproduisait au fil du temps, pratiquement inchangé jusque dans sa moindre déformation. Et, l'esprit scientifique étant ce qu'il y a de plus proche de l'esprit policier, Laure songeait à la façon dont on pouvait retrouver une personne par la forme de ses empreintes digitales aussi sûrement que par la structure de son génome. Son père n'avait-il pas coutume de dire que c'est dans le rapport du gène à la forme que reposait le secret dévoilable de la vie ? À l'évocation de cette phrase légèrement emphatique, elle eut un sourire à la fois attendri et moqueur.

Laure fut interrompue dans sa méditation par Honoré. Celui-ci n'était pas descendu par la porte principale. Logeant dans la chambre à la tour, il avait surgi en haut des marches construites à l'autre extrémité de la terrasse. Tête, tronc, jambes qu'on pouvait entrevoir à travers une ample et légère gandoura étaient apparus successivement. C'était malgré un léger embonpoint un fort bel homme dont la démarche n'était pas sans évoquer, pour les cinéphiles, celle de Gary Cooper. Sa tête était surmontée d'une chevelure abondante et droite, retombant en casque et sans un seul fil blanc, ce dont, proche de la soixantaine, il était assez fier.

L'apercevant, Laure lui fit un sourire gracieux et, lui indiquant – non sans coquetterie – une place auprès d'elle, lui communiqua le tour de ses pensées.

HONORÉ : Si Paul était là (*sa voix n'exprimait en vérité nulle nuance de regret*), il te dirait sans doute que le rapport du gène à la forme, le codage de la forme, en tant qu'elle est codée mais également en tant qu'elle échappe à tout codage strict, c'est-à-dire en tant qu'elle est histoire non seulement de l'espèce mais aussi de l'individu, est le secret de toute mémoire.

LAURE : Mais quel est ce baragouinage ? Est-ce ton émotion – l'ample vêtement d'Honoré ne lui permettait pas de cacher son trouble –, cher maître en morphogenèse, qui te rend si peu clair, et faut-il voir là un effet du corps sur la pensée ?

HONORÉ : Du corps sur la pensée, certes, mais surtout d'une pensée très précise sur mon corps, puisqu'il semble qu'on ne saurait rien te cacher.

LAURE : La tunique est légère, et vous ne portez pas de masque. Mais en voilà assez, et si ce phénomène n'était l'illustration la plus claire qu'il soit de ce que le corps pense, je serais portée à croire que nous sommes sortis du cadre ordinaire de votre enseignement.

Face au danger, et malgré l'humour, le vous était revenu marquant fermement la distance. Honoré se leva brusquement et se précipita vers le salon, assurant la jeune Laure d'un prompt retour. « L'aigle aussi mademoiselle... » Il ne resta pas absent plus de cinq minutes.

HONORÉ : Reprenons la leçon. Où en étions-nous ?

LAURE : À la forme, à son codage ou à son non-codage, tu n'étais pas particulièrement clair et je n'y ai rien compris.

Paul apparut, il venait du salon.

PAUL : Reprenons à partir de la main.

Avec un sourire complice, il se saisit de celle de Laure et fit une remarque aux contours mystérieux, sans doute arrachée à quelque lecture surréaliste, sur combien il était doux de mettre la main au service de l'imagination. Honoré, rougissant, grommela.

PAUL : Tu faisais remarquer qu'elle est un assemblage de cellules en tout point similaires à celles qui participent à la construction du pied. Serais-tu capable, par la pensée seulement, de séparer toutes les cellules qui constituent ne serait-ce qu'un doigt, pour les réassocier ensuite ?

LEANORE, *qui a rejoint le trio* : Nul ne peut le dire puisque l'expérience n'a pas été tentée.

PAUL, *levant les yeux au ciel en signe de désapprobation de cet empirisme tout britannique* : Nul ne peut en effet le dire, mais ce qu'on peut assurer, c'est que si tous les éléments reprenaient leur place, cela signifierait que chaque cellule dans cet organe ou cette partie d'organe momentanément dispersé aurait, pour ainsi dire, une connaissance précise de sa position première, en aurait gardé l'empreinte au cours de l'étape de dispersion. C'est l'abeille et l'essaim d'abeilles de d'Alembert, chaque cellule étant une intelligence consciente de son emplacement au sein d'une intelligence supérieure. Par contre, et toujours dans l'expérience imaginaire, j'insiste sur imaginaire, si le doigt ne se reforme pas...

HONORÉ, *qui avait retrouvé ses esprits* : Mais l'expérience a été faite, non pas avec le doigt, mais avec l'hydre qui, disons-le, présente bien des similarités avec un doigt.

MARC, *arrivant accompagné de Claude, le pourtour des yeux légèrement bistre* : La volupté fait de la moelle épinière un seul doigt, comme pour toucher et caresser le cerveau de l'intérieur.

HONORÉ : Entrée fracassante et littéraire mon cher Marc, mais laisse-moi finir sinon je perdrai vite le fil de ma pensée. Je crois bien qu'après dissociation l'hydre se reforme, parce que certaines cellules ayant conservé la mémoire de leur position initiale, les autres peuvent se réorganiser, non pas dans un processus immédiat comme dans la métaphore de l'abeille et de l'essaim, mais progressif ou, si l'on préfère, historique.

LEANORE : Sauf si tous les éléments revenus à leur innocence initiale se réorganisent en fonction d'un ordre imposé par une structure extérieure.

HONORÉ : Les biologistes et les physiciens appellent cette structure extérieure un champ. Mais en l'occurrence, dans cette expérience, il n'y a pas, initialement, de champ extérieur ; le champ est intérieur, comme le moule de l'ami Buffon.

Laure : Alors, la main serait main uniquement parce qu'elle le serait devenue au cours de la croissance en raison même de la place occupée par le bourgeon qui lui a donné naissance, place qui lui impose d'être main ?

Honoré : Très exactement.

Laure : Au point que si le bourgeon de la main avait pensé qu'il était placé un peu plus bas, il eût pu donner naissance à un pied *(elle hésite)* ou à un autre organe peut-être ?

Leanore, *visiblement exaspérée* : Les bourgeons, penser ! Quelle absurdité ! Ça ne pense pas un bourgeon !

Honoré : Mais si, les bourgeons pensent. Tous les corps pensent. À moins de donner au terme de « pensée » le sens restrictif d'anticipation, de représentation ou d'élaboration conceptuelle, voire de langage.

Laure : Le fait pour le bourgeon de la main de se développer en main n'est-il pas une forme d'anticipation, voire de représentation de sa position dans l'espace, une forme de langage en quelque sorte, les cinq doigts affirmant par leur forme la pensée de leur présence à leur place ? Ne pourrait-on alors affirmer que les mains pensent par le simple fait qu'elles sont mains, comme d'autres organes *(elle regarde Honoré d'un air moitié sévère, moitié amusé)* sont également doués de pensée, à leur place également ?

Marc, *décidément en verve poétique* :

> Saura-t-on jamais ce que les doigts pensent
> D'une main entre eux un instant tenue
> Saura-t-on jamais ce que leur silence
> Un éclair aura connu d'inconnu ?

Claude accompagna cette récitation approximative d'une promenade en arabesque, pied parfaitement tendu, bras en couronne, sourire extatique. Revenue à sa position initiale elle lâcha : « Je hais Aragon. » Puis elle ajouta : « Toute pensée est voluptueuse. »

Cette déclaration abrupte déclencha une vive discussion sur le réalisme et la poésie au cours de laquelle furent échangés grand nombre de pensées savantes et, disons-le, de lieux communs. Paul et Claude en seraient facilement venus aux mains, n'eût été Honoré qui mit fin à ce tapage : Continuons la leçon.

Chacun reprit sa place.

Laure : Si tant est que la main pense, j'imagine que toute déformation de la main est pour celle-ci une forme particulière de pensée. Un pianiste, un violoncelliste, un tourneur ou un bûcheron ont des mains qui pensent leur histoire particulière. Cette déformation, qui est aussi élaboration d'une forme, s'ajoutera donc à la pensée anticipatrice qui résulte de la position du bourgeon.

Paul : Que de progrès en si peu de temps ! L'élève dont l'esprit n'est pas encombré de la pesanteur du sens commun dépassera bientôt le maître.

HONORÉ : Nous verrons bien. Il faut cependant préciser que c'est parce que la main est une anticipation du geste qu'elle en est aussi le résultat : la main crée le geste et le geste crée la main.

LEANORE : Tout comme le cerveau crée la pensée et la pensée le cerveau. Et c'est pourquoi les mains pensent, et même les bourgeons.

Laure, on le voit, n'était pas seule à faire de rapides progrès.

PAUL : D'ailleurs, ce sont peut-être les mêmes types de gènes qui, dans la main et dans le système nerveux, déterminent l'anticipation de la forme, main de singe ou main d'homme, puis permettent un accomplissement particulier, main de bûcheron ou main de pianiste.

HONORÉ : Voilà qui est très loin d'être démontré, mais cela semble assez raisonnable dans la mesure où il n'y a pas mille façons de créer de la forme. Les gènes qui sont à l'origine des processus de morphogenèse pourraient donc fort bien voir leur activité modulée par l'usage qui est fait de l'organe.

LAURE, *étant suissesse, n'était pas sans avoir subi certaines influences locales* : Mais c'est du lamarckisme !

HONORÉ : Pas vraiment, car chez Lamarck c'est le résultat de l'usage qui est hérité, alors qu'en réalité, dans la spéculation que nous venons de faire, seule la potentialité est transmise, chaque individu développant de façon unique et totalement originale la forme particulière qui lui est propre. Ce résultat ne peut être transmis génétiquement. Les enfants de pianistes ont des mains sans caractéristiques particulières ; elles deviendront agiles et sensibles comme celles de leur père, ou de leur mère, seulement à la suite d'une longue pratique du clavier. Il en est de même pour l'oreille, le don musical retrouvé dans des générations de musiciens, les Bach sont souvent donnés en exemple, étant le résultat de l'environnement culturel et non de prétendus gènes de la musicalité.

LAURE : De sorte que deux jumeaux qui auraient exactement le même génome seraient deux individus différents du fait de leur histoire respective ? On ne saurait donc cloner l'homme ?

On eût pu déceler dans sa voix comme une nuance de regret.

HONORÉ : Non, mais ce sera l'objet d'une autre leçon.

LAURE : Il y aurait par conséquent, si je comprends bien, deux sortes de mémoire : une mémoire de l'espèce par laquelle je ne suis pas disons, une guenon, et une mémoire de l'individu, par laquelle je suis moi ; et ces deux mémoires, étant deux formes, seraient liées à l'activité de gènes semblables, voire des mêmes gènes ? Cela me semble à la fois fort simple et fort compliqué.

HONORÉ : C'est pourtant ainsi, mais la main

n'est peut-être pas l'organe le plus approprié, le cerveau...

PAUL, *un peu péremptoire* : En principe, il n'y a pas de différence.

LEANORE : Mais en réalité y en a-t-il une ? Parce que moi, les principes...

HONORÉ : Oui, il y en a une. Le temps du développement est infini pour le cerveau, ce qui permet d'observer dans un même temps le développement de la mémoire de l'espèce et de celle de l'individu.

PAUL : De l'ordre, s'il vous plaît, de l'ordre ! Nous n'irons pas plus loin si nous ne définissons certains points avec plus de précision. Le moment est venu, il me semble, d'un exposé organisé, didactique.

HONORÉ : Nous t'écoutons, mais nous nous réservons le droit d'interrompre ton propos et, si nécessaire, de le rectifier, car il t'arrive assez souvent de tordre le réel pour le faire coller à tes hypothèses.

LAURE, *subitement autoritaire* : Tais-toi, Honoré, viens près de moi et laisse-le parler.

Honoré n'était pas sans trouver du charme à l'autorité voire la sévérité d'une femme, surtout très belle. Il se plia donc à l'injonction, avec d'autant plus de grâce qu'une place près de Laure n'était pas sans promesse de plaisirs.

PAUL : Nous admettrons donc que le problème posé est celui de la forme, de son maintien, de son développement, de sa reproduction et de son évolution, c'est-à-dire également de son adaptation. Cette question hante toute la biologie moderne. Étant donné un œuf, nous pouvons prédire ce qui va en sortir ; c'est donc qu'il existe dans cette cellule, car un œuf est une cellule, un élément atavique, ou, si l'on préfère, héréditaire. Parallèlement, comme nous venons de le discuter, nous percevons intuitivement que, donné cet élément héréditaire, la formation d'un individu particulier est sujette à des régulations de morphologie, et ce à l'intérieur d'une certaine enveloppe.

HONORÉ : À ce jour l'enveloppe est définie par l'appartenance à l'espèce.

Laure tapa sur les doigts d'Honoré avec une petite badine arrachée à un jeune châtaigner dont elle respirait sensuellement l'odeur très caractéristique.

PAUL : On peut donc définir une certaine contrainte génétique, une enveloppe, qui en première approximation, Honoré vient de le souligner, marque l'appartenance à l'espèce. Dans le cadre des limites ainsi définies, Homme ou chimpanzé, existe une grande liberté, une ouverture sur le jeu infini des actualisations possibles, des réalisations dirait-on aujourd'hui. Cette infinité des possibles définit ce que les savants appellent épigénétisme.

HONORÉ : J'espère qu'on me permettra de préciser (*il se retourne vers Laure, mimant comiquement la soumission*) que toutes les espèces ne sont pas également libres. Pour certaines, les structures physiques adultes, par exemple les réseaux neuronaux, sont pratiquement entièrement définies par le génome de l'animal, alors que, pour d'autres, une même structure génétique peut donner naissance à une infinité de réseaux différents.

LEANORE : Le système nerveux d'un petit invertébré, appelé nématode, est, m'a-t-on enseigné à Cambridge, construit comme un circuit électrique dont chaque contact serait défini génétiquement. Au point que tous les nématodes seraient identiques. Ce sont, paraît-il, des clones ; le concept d'individu étant, dans cette espèce, vide de sens.

MARC : Tout cela est sans doute fort juste, mais, de grâce, il faut de l'ordre si nous voulons jouir du spectacle de la nature.

PAUL : Et pour mettre de l'ordre, il nous faut comprendre le mécanisme intime de la création des formes, que ces formes soient génétiques ou épigénétiques. Seule la compréhension de ce mécanisme nous permettra de créer des formes et donc d'intervenir dans l'ordre de la nature, non plus de façon empirique comme les agriculteurs, mais de façon raisonnée et scientifique. La percée en ce domaine est venue de l'étude de la drosophile, une petite mouche très prisée des généticiens chez laquelle certaines mutations du génome entraînent des modifications morphologiques monstrueuses. Par exemple la mutation Antennapedia transforme les antennes en pattes.

LAURE : Comme si on avait des bras à la place des jambes ?

PAUL : Exactement, et cela résulte d'une mauvaise interprétation de leur position par les cellules qui auraient dû donner naissance aux antennes. Ces cellules s'imaginent qu'elles sont dans le thorax de la mouche et se développent non pas en conformité avec leur position réelle, mais selon le schéma de leur position supposée. On appelle ces mutants « homoéotiques » et, par contraction, « homéotiques », parce que l'organe d'un segment est remplacé totalement ou en partie par l'organe homologue d'un autre segment.

LAURE : Que veux-tu dire par homologue ?

HONORÉ : Cette question vient trop tôt, Laure. Demain soir je vous lirai un texte qui éclaire merveilleusement tous ces problèmes. Il a été écrit par Los Angeles Terrible, une jeune biologiste américaine que j'ai eu le bonheur de rencontrer au cours d'un récent voyage aux États-Unis. En attendant, qu'il te suffise, chère Laure, de comprendre qu'il existe chez la drosophile des organes homologues — par exemple la patte est homologue de l'antenne comme l'aile est homologue de l'œil — et que ces homologies réfèrent probablement à l'histoire évolutive de ces organismes.

LAURE : Excuse cette interruption.

HONORÉ : Nous n'avons pas à l'excuser puisqu'elle relève d'une saine curiosité.

LEANORE : D'autant qu'elle nous révèle l'existence de cette Los Angeles Terrible et d'un texte auquel nous aurons droit demain.

AUGUSTIN, *un vieux serviteur qui passait pour vider le cendrier de Paul* : Dès son plus jeune âge, Monsieur Honoré eut le goût des langues étrangères.

HONORÉ : Merci, Augustin, merci. Quant au texte, rien avant demain, l'esprit de Laure n'étant pas encore préparé à une lecture difficile.

LEANORE : Mais peut-on au moins savoir comment il s'intitule, ce texte ?

HONORÉ : Je vous donnerai son titre, mais rien de plus : *Biologistes, encore un effort*. Paul, tu peux reprendre le fil de ton discours.

PAUL : Merci. La découverte de ces mutants donna une clef pour comprendre le passage du génome à la forme, puisque les mutations affectent des gènes et que le résultat est le changement de forme des organes. Du coup, l'atavisme des formes, leur présence prédictible dans l'œuf, devenait accessible à l'expérimentation.

LAURE : Le passage du monodimensionnel du génome au tridimensionnel de la forme ?

PAUL : Balivernes que cela. Dire qu'il aura suffi qu'un seul biologiste, influent certes, déclare que le problème du développement était de penser la projection d'un espace à une dimension dans un espace à trois, oubliant au passage le facteur-temps, pour que tous ou presque lui emboîtent le pas. Il faut être furieusement niais pour ne pas percevoir, même intuitivement, que s'il y a du spatio-temporel dans les formes, et cela suppose un espace à quatre dimensions au moins, c'est qu'il y en a dans le génome.

LEANORE : Je veux bien te croire, mais pas sur parole. Explique-toi plus clairement. Je ne comprends pas bien, ni Laure non plus j'en suis sûre, ni personne d'ailleurs, sauf peut-être Honoré. Tu nous avais pourtant promis d'être didactique sans être ennuyeux. Or je commence sérieusement à m'endormir...

PAUL : Patience, Leanore, ce sont là des concepts difficiles et qui demandent, pour être bien compris, que l'on prenne son temps et qu'on ne ménage pas ses efforts. Nous ne sommes pas à un cours de mathématiques sans peine ; tout apprentissage demande un effort.

LEANORE, *à mi-voix* : Quel vieux curé marxiste !

HONORÉ : Allons, allons, pas d'insultes. Et toi, Paulo, ne te cabre pas. De toutes les façons, je le répète, le texte de Los Angeles Terrible éclaircira beaucoup de ces points. Il traitera, en effet, du retour de l'homunculus et de ses multiples dimensions, évolutive, spatiale, temporelle, développementale et, j'ajoute, car tu as une certaine tendance à négliger la physiologie, sensorimotrice.

Honoré n'était pas mécontent d'avoir ainsi un peu ramené le calme tout en damant le pion à son ami, auquel l'associait une affectueuse rivalité.

PAUL : Le principe clef de la spatio-temporalité

du génome est que les gènes responsables du développement morphologique des différents organes sont disposés eux-mêmes de façon ordonnée le long d'un chromosome chez la drosophile et de quatre chromosomes chez les vertébrés. L'ordre de cette disposition correspond à celui des organes le long de l'axe antéro-postérieur du corps, de même que le temps d'expression des gènes correspond au temps auquel les organes sont déterminés dans leur forme. À tel point qu'on peut dire que le plan du corps est couché le long des chromosomes, qu'il est représenté de façon spatio-temporelle et que le développement des organes est bien une projection, un déploiement d'une structure spatio-temporelle, celle du génome, dans une autre structure spatio-temporelle, celle du corps. Toujours est-il que ces gènes furent clonés, c'est-à-dire que leur structure chimique, l'enchaînement des nucléotides, fut déterminée. Ils codent pour des protéines qui régulent l'expression d'autres gènes directement impliqués dans l'exécution des formes, donc capables de créer des forces à l'intérieur et à l'extérieur des cellules, de les pousser dans telle ou telle direction, voire de les faire mourir ou de provoquer leur prolifération, creusant ici, gonflant là, et, à la manière d'un sculpteur, faisant surgir d'une masse apparemment sans forme des structures anatomiques précises comme les mains ou les doigts. Ces gènes chorégraphient dans le noyau le ballet morphogénétique. Pour cela, ils doivent se fixer sur des régions précises des chromosomes afin d'activer ou d'inhiber l'activité d'autres gènes. Cette fixation implique une structure que les spécialistes appellent « homéodomaine », conservée dans toutes les protéines de la famille et présente dans toutes les espèces, humaine comprise, ce qui a permis de proposer, puis d'établir, que les principes dégagés pour les insectes sont, dans leurs grandes lignes, valables également pour l'embranchement des vertébrés.

Cela avait été dit d'une traite, presque sans respirer. Paul, plutôt mauvais coucheur, avait à l'évidence mal pris les attaques de Leanore et les admonestations paternelles d'Honoré.

LAURE : C'est donc l'action de ces gènes qui détermine dans tous les organismes la forme des organes. Et comme dans les différentes espèces les organes homologues ont des formes différentes, cela implique, sans doute, l'existence à travers les espèces de gènes homéotiques différents.

HONORÉ : Voilà qui est en partie exact, mais en partie seulement, car on pourrait avoir des gènes identiques et des organes différents.

LEANORE : Comment cela ?

HONORÉ : En jouant, Madame, sur le temps de leur expression. C'est là sans aucun doute un des grands secrets de l'évolution des espèces, que la modification de la durée d'expression des gènes impliqués dans le codage de la forme. Prenons un exemple. Si je compare un chimpanzé et un être humain, dont on estime, pour ce que valent de telles estimations, que leurs génomes sont presque identiques, il est clair que les durées d'expression...

Honoré s'interrompit soudain, sentant que l'attention s'était faite moins dense. C'est que Claude et Marc, donnant à ses propos une immédiate traduction, se promenaient de long en large sur la terrasse, bras pendants, mains traînant contre la pierre toutes phalanges retournées, lèvres retroussées dévoilant la beauté de leurs jeunes dents. Ils se flairèrent, se touchèrent et s'enfuirent dans une « knockle danse » ébouriffante pour disparaître dans un taillis à quelques mètres de là. Laure se leva, s'étira sensuellement, puis déclara vouloir se promener avant le déjeuner. Elle demanda à Paul de l'accompagner. Leanore et Honoré, restés seuls, se résolurent à quitter à leur tour la terrasse.

Mémoires du corps

On avait déjeuné à l'extérieur, protégé, de la chaleur sous un dais aux armes d'Honoré. Le repas, fortement arrosé, n'incitait guère au travail. Chacun se retira pour vaquer à ses occupations et se livrer aux plaisirs variés de la sieste. Vers six heures, on se rassembla dans le salon. Les protagonistes trouvèrent leur place, Honoré entre Laure et Leanore, Paul entre Claude et Marc, sur deux grands canapés se faisant face et disposés de part et d'autre d'une porte-fenêtre qui éclairait la scène d'une lumière encore forte. Honoré prit la parole

HONORÉ : J'avais été interrompu, je crois, alors que nous comparions les génomes de l'homme et du chimpanzé pour dire qu'ils étaient très proches.

LAURE : Et que la différence entre les deux

espèces reposait sur des modifications des temps d'expression de gènes du développement.

HONORÉ : Oui, ceux qui définissent la place des cellules et, en fonction de cette place, leur type et leur morphologie.

LAURE : Entends-tu par là que les mêmes gènes peuvent décider de la forme des cellules et de celle des organes ?

PAUL, *péremptoire à son habitude* : Certainement.

HONORÉ, *plus mesuré* : Cela est loin d'être démontré.

LEANORE, *qui, partageant l'amour que ses compatriotes portent aux animaux, a étudié jusque dans le moindre détail l'anatomie des grands singes* : Cela est-il vrai de tous les organes ?

HONORÉ : Clairement, et il a été démontré très élégamment par un biologiste genevois que les mêmes gènes de développement sont exprimés dans le pénis et dans le bras, ou la jambe.

LAURE : Alors, non seulement les bras et les jambes sont représentés sur le génome, mais également les autres membres ? Voilà qui donnerait raison à ceux qui prétendent qu'on peut inférer de la dimension du nez ou du pouce la conformation d'autres organes moins communément exposés à la vue.

PAUL, *qui n'est pas très grand* : C'est sans compter avec l'épigenèse et sans doute d'autres facteurs que nous ignorons. Aux dires mêmes de ceux qui, comme Marc et Claude, ont de ces questions une connaissance statistique, on peut être fort déçu.

LEANORE, *en la matière, mais pour des raisons moins professionnelles, n'est pas plus ignorante que ses amis* : Il y a aussi de divines surprises.

MARC : Mais tu disais (*il s'adresse à Honoré*) que ce n'est pas seulement la nature des gènes, mais encore la durée de leur expression qui importe. Pour que l'homme diffère notablement du singe, il faut donc que cette durée elle-même soit codée, que ralentissement et accélération soient également héréditaires, sinon, on pourrait brutalement redevenir singe.

CLAUDE : A-t-on jamais cessé de l'être ? Parfois je me le demande.

LEANORE : On peut être animal sans être singe. Il n'est pas interdit de descendre encore plus bas dans l'échelle animale. Cela se voit tous les jours.

HONORÉ : Le caractère héréditaire des ralentissements ou accélérations survenant à différentes étapes de l'ontogenèse est une question des plus importantes pour toute théorie de l'évolution. Des travaux récents dont le maître d'œuvre est justement le biologiste genevois auquel je faisais allusion tout à l'heure suggèrent que supprimer chez la souris un gène homéotique ralentit considérablement le processus de développement de la main ou du pénis et fait réapparaître dans la structure du membre antérieur un doigt supplémentaire que l'évolution avait, pour ainsi dire, gommé. Ce qui semble indiquer que les gènes de la forme pourraient aussi coder pour de la durée, probablement du fait de la contrainte dans le temps de leur lecture imposée par leur disposition séquentielle sur les chromosomes.

LAURE : Il me faudra d'autres explications, mais avant cela, pourrais-tu préciser ce que tu entends par « doigt supplémentaire » ?

HONORÉ : Tu as sans doute remarqué, ayant suivi des cours d'anatomie comparée, que tous les vertébrés sont construits à partir d'un même plan général et qu'à partir de ce plan, ce sont les proportions respectives des différentes parties de l'organisme qui distinguent les différentes espèces.

PAUL : Cela est clair du squelette, mais également d'autres organes comme le cerveau, dont les différentes régions sont de véritables organes cérébraux, organes de la vue, de l'ouïe, etc., et occupent des surfaces plus ou moins étendues selon les espèces. Par exemple, les aires olfactives engagées dans la perception et l'analyse des odeurs sont plus développées chez le chien que chez l'homme.

LEANORE, *qui a toujours été frappée de l'importance de l'odorat, principalement dans les conduites hédoniques* : C'est bien dommage.

HONORÉ : Certes, mais chez l'homme le développement des aires cognitives compense largement les insuffisances de l'odorat, y compris dans le domaine de l'amour. Pour en revenir aux mains, et répondre à Laure, le schéma initial chez les vertébrés comprend sept doigts, c'est-à-dire en plus des cinq que nous connaissons, un pre-pollex, avant le pouce, et un post-auriculaire.

LEANORE : J'ai connu à Birmingham un garçon...

HONORÉ : Oui, c'est un trait atavique.

L'échange, vif et rapide, fut suivi d'un assez long silence.

PAUL : Ce qui sous-entend que, comme cela avait été entrevu par d'Arcy Thompson, un zoologiste philosophe...

LEANORE : Anglais.

PAUL : Tu me l'ôtes de la bouche, chère Leanore. Donc, c'est en jouant sur le temps de développement, dans les différentes dimensions, des objets tridimensionnels dont ils sont composés, ou pour ainsi dire assemblés, qu'ont évolué les êtres vivants.

CLAUDE : Assemblés ! Tu parles de nous comme si nous étions des voitures, ici les ailes et là les roues.

PAUL : C'est un peu vrai, ce qui n'exclut pas une harmonisation fonctionnelle et esthétique entre les organes, dans laquelle les hormones et le système nerveux jouent un grand rôle. À vrai dire, la mouche dont nous parlions ce matin se construit un peu comme une voiture ; chaque pièce étant préparée chez la larve et assemblée aux autres au cours de la métamorphose. La mutation homéotique Antennapedia transforme l'antenne en patte très exactement comme si on mettait des roues à la place des phares.

LAURE : C'est horriblement mécanique.

PAUL : Nous reviendrons sur la mécanicité prétendue du vivant, mais je crois qu'Honoré, temporairement rendu muet par l'évocation de l'atavique de Birmingham, pourrait reprendre maintenant le fil de sa réflexion.

HONORÉ, *boudeur* : Je n'ai plus rien de vraiment fondamental à ajouter.

LAURE, *câline* : Il me semble que si, car je vois dans ce qui vient d'être dit une contradiction que tu pourras sans doute éclairer. D'une part, Paul prétend que le cerveau adulte est le lieu d'un développement infini, et d'autre part, toi, Honoré, tu nous parles de vitesse de développement, supposant par là même que la croissance a un terme réel, les organes ayant, passé l'adolescence, une taille et une forme bien établies.

HONORÉ : Cette difficulté est présente, en effet, et je ne suis pas certain de pouvoir te répondre de façon définitive ou même satisfaisante. Supposons donc que tous les organes ne soient pas égaux en termes de temps de développement, on peut alors concevoir que certains, par exemple le cerveau, continuent de se développer quand d'autres sont depuis longtemps matures, en état d'équilibre ou, comme le dit Paul, d'embryogenèse silencieuse, leur forme se conservant par une compensation exacte des forces de destruction et des forces de création.

PAUL : La vie c'est la mort, la vie c'est la création.

LAURE : Voulez-vous dire qu'au sein d'un même individu cohabiteraient des organes dans différents états de développement ?

HONORÉ : Oui, c'est même ce qu'on peut appeler « néoténie », c'est-à-dire un stade achevé de maturité sexuelle, dans un organisme encore totalement ou partiellement embryonnaire ou même arrêté dans son développement pour certaines de ses parties. On a l'habitude de dire que l'homme adulte est un singe néoténique dont les organes sexuels sont aptes à la reproduction, malgré de nombreux traits morphologiques partagés avec le singe embryonnaire.

LAURE : Comme ?

HONORÉ : Eh bien, le pouce du pied non opposable aux autres doigts, ou encore, chez la femelle, cette position du vagin qui permet la copulation dans la position dite du missionnaire, ou cette pilosité imparfaite, cette peau glabre qui est la marque évidente d'un développement si lent qu'on pourrait le croire arrêté.

LEANORE : Bien que chez certains hommes la pilosité puisse s'accroître sur le corps alors même qu'elle diminue sur la tête.

HONORÉ, *soupçonneux* : Ce n'est quand même pas un phénomène général.

MARC : Ce serait pourtant pratique d'avoir quatre mains, on pourrait lire avec celles du haut en s'occupant avec celles du bas.

CLAUDE : Cette utilisation des mains supplémentaires varierait certainement avec la nature de l'ouvrage.

HONORÉ : Il faut croire que le développement du cerveau est incompatible avec la présence de mains en place des pieds, peut-être pour des raisons de bipédie et de l'avantage de la station debout pour le développement cérébral. C'est une spéculation qui a eu son heure de gloire et qui n'est sans doute pas dénuée de fondement. En tout cas, on ne saurait, cher Marc, avoir tous les avantages.

MARC : La danse serait alors le plus évolué des arts, puisqu'elle nécessite un pied, même un beau pied, et une station verticale parfaite.

PAUL : Bien vu, encore que certains spectacles de danse moderne... Mais pour revenir à l'arrêt du développement, il est difficile de le comprendre. On peut le voir soit comme l'atteinte d'un stade mature, soit comme un ralentissement considérable du processus de croissance. Quoi qu'il en soit, s'il est un organe dont on peut certainement dire qu'il est chez l'homme encore en développement, c'est le cerveau.

HONORÉ : Pas seulement chez l'homme, mais chez tous les vertébrés. Encore faudrait-il moduler ce propos et distinguer dans le cerveau différentes régions, certaines étant plus susceptibles que d'autres de se modifier à l'âge adulte.

LAURE : Si le corps est une mosaïque d'organes pris à différents stades de leur développement, le terme d'adulte me semble désormais bien mal approprié.

HONORÉ : Comme celui de vieillard.

À une dizaine de mètres de là, Émile, un jeune jardinier, maniait le tuyau d'une main solide et alerte, arrosant les troncs des arbres et faisant éclater la terre assoiffée. Leanore, qui écoutait le bruit de l'eau, sortit brusquement de sa rêverie.

LEANORE : Ces régions cérébrales les plus embryonnaires, encore susceptibles de créer des formes ou arborescences, sont-elles impliquées dans l'apprentissage et la mémoire ?

PAUL : Ces nouvelles arborescences et connexions constituent l'une des bases de la mémoire. Il n'y a rien de plus convenu ni de plus faux, en effet, que de prétendre que les neurones forment des circuits fixes comme les fils d'un ordinateur et que la mémoire ne résulte que des modifications survenant dans les courants qui traversent la soi-disant machine cérébrale. En fait, même si de tels phénomènes existent, ce qui n'est pas douteux, il faut y superposer cette morphogenèse continue qui se trouve d'ailleurs, puisqu'il s'agit de formes, sous le contrôle de gènes morphogénétiques dont le niveau d'expression est probablement modulé par l'activité nerveuse.

HONORÉ : Toute spéculative que soit ta description, on peut supposer que c'est donc dans le cadre défini par l'appartenance à l'espèce que se parcourt, à travers l'infini des possibles, le chemin qui mène de l'homme en puissance à l'homme en acte, chaque nouvelle étape de cette actualisation sans fin ouvrant elle-même sur une infinité de réalisations ultérieures jusqu'à ce que la mort vienne transformer en destin définitif ce qui n'était jusqu'au moment de cette ultime bascule dans le néant que le théâtre sans limite de l'individuation.

MARC, *toujours prêt à en rajouter dans l'emphase* : Non seulement il y aura, dans le cas de progrès, identité entre la liberté et la fatalité, mais cette identité a toujours existé. Cette identité c'est l'histoire, l'histoire des nations et des individus.

Sur cette citation baudelairienne, le bruit de l'eau, au loin, s'était tu. L'obscurité avait envahi le salon. On apporta des lampes à pétrole, tradition d'éclairage qui avait été maintenue par un caprice d'Honoré. On se leva pour rejoindre la salle à manger où un repas aussi somptueux et varié que celui de la veille attendait nos amis. C'est alors qu'on s'aperçut de la disparition de Leanore.

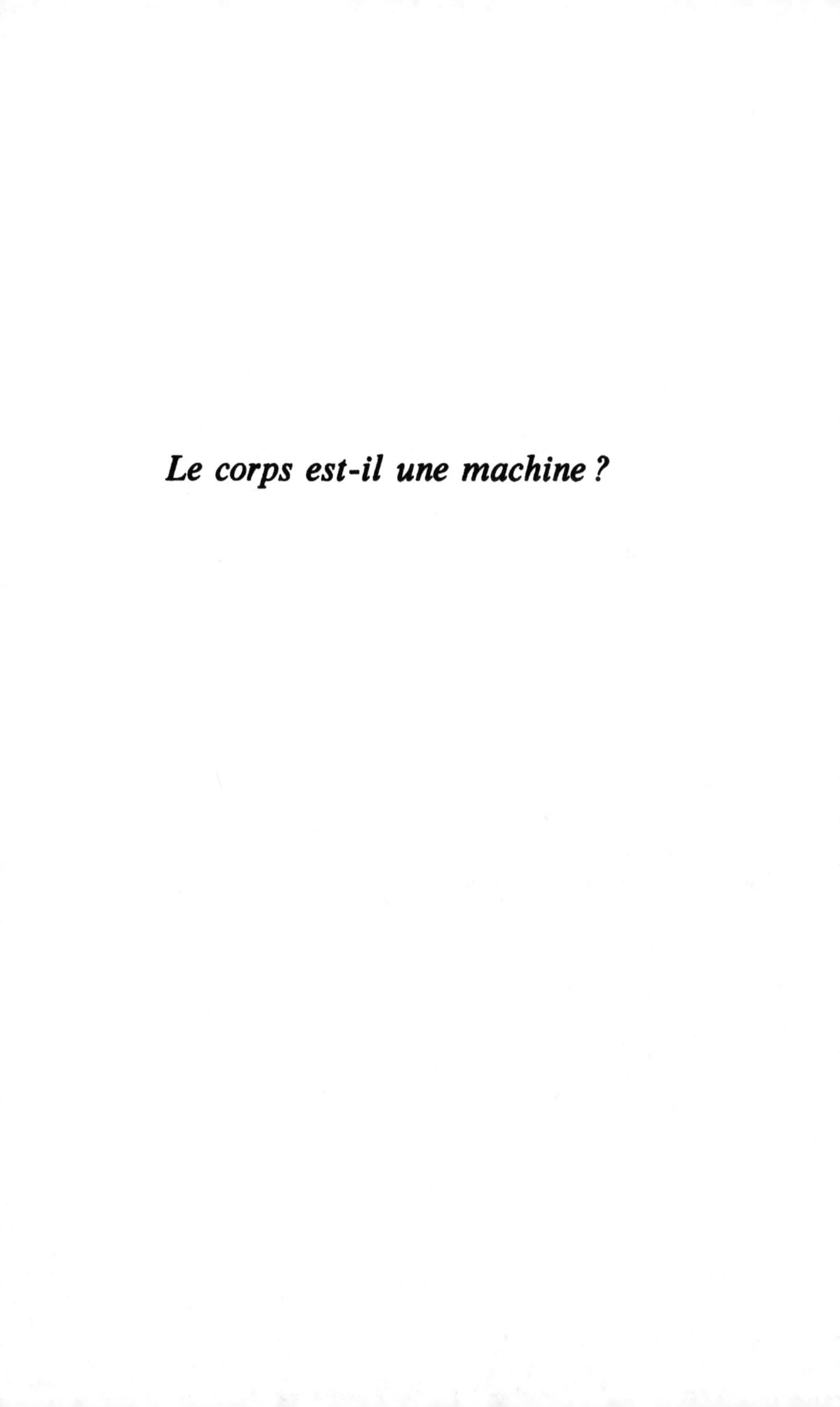

Le corps est-il une machine ?

Leanore ne rejoignit la compagnie, rendue joyeuse par l'abondance et la qualité des nourritures, solides et liquides, que fort tard. Honoré, hôte en ces lieux, avait consacré son temps à rechercher les vins les plus subtils et à les faire apprécier à ses amis, Laure tout particulièrement, qui l'avait suivi dans ses nombreux voyages vers la cave dont, seul, il gardait les clefs. Il n'avait donc pas semblé autrement inquiet de l'absence prolongée de sa maîtresse qui était, il faut le souligner, sujette à de fréquentes et violentes céphalées. On ne saurait dire, en l'absence de plus amples informations, si là se trouvait la cause de sa brusque disparition. Une certaine rougeur de sa peau d'ordinaire tendrement blonde, le désordre délicieux de sa chevelure et un certain air de lassitude mêlée de détente pouvaient laisser supposer que la jeune femme avait cédé à la tentation de quelques heures de repos.

Quoi qu'il en soit, ce fut elle qui, ayant imposé le silence, prit la parole la première.

LEANORE : J'ai une surprise pour vous : Émile a construit pendant le dîner une petite estrade au centre du théâtre de verdure, au-delà de l'ancienne forge. Nous pourrions, tant la chaleur est encore forte, continuer la leçon dans le jardin. Marc et Claude en profiteraient pour égayer par leurs jeux musicaux et chorégraphiques les temps forts de la soirée qui, autrement, et après une journée déjà bien fatigante (*elle avait rosi en prononçant ces derniers mots*), pourrait s'avérer lassante.

CLAUDE : Je vais chercher ma flûte pendant que Marc se met en tenue. Il a justement reçu par le courrier du matin une paire de chaussons chinois entièrement cousus à la main, qu'il lui tarde d'essayer.

Elle prit Marc par le bras et l'entraîna, sans réelle résistance, vers le grand escalier. Leurs rires se firent entendre assez longtemps après qu'ils eurent quitté la salle.

Nul ne montrant de réticence, on se leva et on se dirigea vers le théâtre de verdure fraîchement arrosé. Émile avait fait merveille et l'estrade, légèrement inclinée, permettrait à chacun, où qu'il fût placé, de suivre les évolutions des artistes. Les montants du théâtre improvisé étaient décorés de branchages entremêlés de fleurs de rhododendrons et de pivoines encore nombreuses en ce tout début d'été. Des chaises confortables étaient disposées harmonieusement et des bacs remplis de cubes de glace laissaient émerger des flacons richement colorés. On avait également disposé sur des tables de fortune des plateaux chargés de douceurs. Il y en avait, selon la règle, pour tous les goûts. Des chandeliers éclairaient la scène.

HONORÉ : Je ne crois pas nécessaire, dans la mesure où je vous ai annoncé une lecture qui devrait reprendre certains points restés obscurs dans les leçons précédentes, de revenir sur le rôle des gènes de développement dans la construction des formes. Je crois, par contre, qu'il serait intéressant de nous interroger sur la question du vivant – et donc de la biologie – d'un point de vue suffisamment distinct pour donner à notre projet pédagogique un autre éclairage. En effet, si l'on veut bien admettre que ce qui est en jeu ici est la mise en place d'une théorie du vivant, d'une biologie non réductible aux seules théories mathématico-logiques ou simplement physiques, quelle place doit-on conserver aux représentations machinistes du vivant ? Paulo, je te donne la parole.

PAUL : C'est une question difficile, car depuis Descartes toute la biologie s'est développée sur l'intuition métaphorique du corps comme machine. Cette intuition constitue en même temps une représentation très efficace qui a permis d'accomplir d'immenses progrès dans la compréhension des phénomènes biologiques. Pour ne prendre que l'exemple de la physiologie du système nerveux, il est certain que l'électrophysiologie, presque entièrement fondée sur cette représentation, ce depuis les travaux fondamentaux de DuBois-Raymond et von Helmholtz, a produit des résultats que nul ne saurait remettre en cause.

LAURE : Voilà des préliminaires bien précautionneux. Mais peut-on revenir sur cette représentation du corps comme machine sans réintroduire l'âme ou quelque chose qui en tiendrait lieu ?

HONORÉ : C'est là tout le problème, mais peut-être est-ce justement le contraire, car il ne faut jamais oublier que la théorie de l'animal-machine impose un dualisme philosophique qui fait sa part à l'âme, ou, c'est la même chose, à Dieu. En fait, je ne suis pas loin de penser que toute forme de philosophie biologique qui assimile le corps à une machine relevant en dernière instance d'une théorie physique est une philosophie dualiste laissant une petite part, aussi infime soit-elle, à l'intervention divine.

LEANORE : Laisser à Dieu la moindre part, c'est lui laisser toute la place.

PAUL : Ce que dit Honoré est fort juste, quel que soit le nom donné à l'âme. Au fond, que le corps vivant soit une machine douée d'une âme comme le pensent les déistes, habitée par le désir comme le suggèrent certains psychanalystes ou simplement mue par l'intentionnalité, ce qu'écrivent les cognitivistes, voilà qui ne fait aucune différence. L'important est que le corps soit une entité matérielle dont la théorisation demande la mise en œuvre de concepts ne relevant pas uniquement des sciences physiques ou de la logique mathématique. Ce qui ne signifie pas, bien entendu, que la biologie, c'est-à-dire le discours théorique approprié à l'étude du vivant, ne nécessite pas l'invention d'une nouvelle mathématique, essentiellement de nature géométrique.

HONORÉ : Tu brûles les étapes, cher Paul.

LEANORE : Et tu commences trop sérieusement, je dirais même, sans vouloir t'offenser, que tu es passablement ennuyeux.

MARC : Avec Claude, nous allons improviser un divertissement, en forme de devinette. Cela nous détendra.

Il disparut, puis réapparut très vite, déguisé en coureur. Juché sur une bicyclette, il se mit à virevolter avec une incroyable virtuosité. Tout au bord de l'estrade, Claude, légèrement penchée, comme si elle se tenait d'une fenêtre, jetait des roses tout en imitant le bruit régulier d'une locomotive.

LEANORE : J'ai deviné, c'est le tour du monde en quatre-vingts jours.

Honoré ne dit rien, mais il semblait sceptique, Paul haussa les épaules et continua de tirer sur sa cigarette, Marc fit signe que non et pédala de plus belle.

LAURE : L'ascension du mont Ventoux ?

PAUL : J'espère bien que non et qu'en tout cas

ce pauvre Marc qui semble à bout de souffle ne va pas finir comme le grand Simpson.

LEANORE : Il ne se drogue pas, j'ose le croire.

PAUL : Pourquoi pas, il n'y a pas que les Anglais qui utilisent des substances.

Leanore, à son tour, haussa les épaules et fit une moue significative. Ses cernes amoureux la rendaient plus belle encore qu'à l'ordinaire. Des bruits de feuillage à l'arrière du cercle de verdure indiquaient la présence agitée du jardinier.

HONORÉ, *qui aime à citer ses maîtres* : Il n'y a pas de civilisation sans drogues, tous ne sont pas forcés d'en prendre pendant une course de vélocipède et de mourir sur le mont Ventoux. Mais en tant que physiologiste, je puis vous affirmer que, par exemple, tous les grands joggers sont des drogués.

LAURE : Comment cela ? Ils se piquent ? Ils sniffent ? Ils fument ?

HONORÉ : Évidemment non, petite sotte (*cela fut dit sur un ton affectueux*), mais leur système nerveux sécrète des substances naturelles appelées endorphines, des morphines endogènes, qui permettent de ne plus sentir la douleur ou la fatigue. À tel point que ces coureurs deviennent, pour ainsi dire, dépendants, et que l'arrêt forcé de cette saine pratique sportive leur provoque les souffrances véritables du manque. C'est, au passage, une des multiples preuves que le cerveau n'est pas uniquement une machine solide, qu'il est également habité par des humeurs, le corps étant avant tout, ne l'oublions jamais, composé très majoritairement de liquides. Voilà qui nous ramène à notre discussion initiale sur les machines.

Il se sert à boire.

LAURE : On pourrait donc, comme le malheureux Simpson, courir au-delà de ses forces et, ne sentant plus la douleur, dépasser la limite de sa résistance et en mourir.

PAUL : C'est évident et cela vient justement d'arriver à l'un de mes collègues suédois, excellent biologiste, promis à un grand avenir, et stoppé net, en pleine course, par un brutal arrêt du cœur.

LAURE : Que c'est triste ! Mais cela ne nous donne pas la clef de la devinette et ce pauvre Marc s'épuise. Regardez-le, il a cessé de pédaler.

MARC, *haletant* : Bien sûr, à quoi bon m'échiner, vous ne cherchez pas et vous continuez de discourir comme si Claude et moi n'existions pas. C'est bien la peine de se donner tant de mal !

LEANORE : Excuse-nous, Marc, mais c'est que nous donnons notre langue au chat.

CLAUDE : Pas encore, nous allons vous jouer un autre tableau.

Ils sortirent, puis Marc revint, presque nu, un pagne cachant avec peine une partie fort saillante de son anatomie. Il se retourna, montrant au public un postérieur d'une parfaite fermeté, semblable à deux pamplemousses géants serrés l'un contre l'autre, séparés par l'étole et juchés sur deux jambes musclées et longilignes.

Claude entra, vêtue de trois feuilles. Elle se mit face à Marc et ils mimèrent l'amour avec un réalisme embarrassant. La crise venue, Claude ressortit puis revint coiffée d'une rose rouge, et ils recommencèrent. Ils rejouèrent la scène plusieurs fois. À chaque réapparition, Claude était coiffée d'une fleur différente.

LAURE : Mais pourquoi change-t-elle de coiffure ?

PAUL : Sans doute pour indiquer qu'elle est à chaque fois une personne différente, ou pour signifier le nombre infiniment croissant des crises.

ÉMILE, *du fond du cercle de verdure* : L'amour est un acte sans importance puisqu'on peut le faire indéfiniment.

HONORÉ : Il faudra que je ferme ma bibliothèque à clef.

MARC, *épuisé, s'étend sur le dos, sa poitrine se soulevant à un rythme accéléré* : Enfin... ils ont trouvé... ce n'est pas trop tôt... j'ai cru mourir... on a beau faire l'Indien, on n'en est pas moins homme.

CLAUDE, *faisant des moulinets avec les bras et gesticulant autour de Marc comme un sauvage autour d'un feu* :

Voyez voyez la machine tourner
Voyez voyez la cervelle voler
Hourra cornes au cul
Vive le père Ubu.

Honoré apporta des orangeades aux acteurs et reprit : Que voilà une merveilleuse illustration de notre discussion, si juste, si à propos ! Ah ! J'en suis tout ému !

Il les embrasse tour à tour, s'attardant peut-être plus que nécessaire dans ses félicitations.

LEANORE : Not bad, indeed.

LAURE : Pourra-t-on m'expliquer de quoi il retourne ? Je sens bien que le spectacle auquel nous venons d'assister est de nature philosophique, mais cela reste confus pour moi. À vrai dire, je ne comprends pas clairement le lien entre les saynètes et le problème du corps comme machine.

HONORÉ : Marc et Claude viennent de rappeler à notre mémoire que l'auteur du *Surmâle* et de *Ubu Roi* avait, en son temps et de façon poétique, traité la question du corps-machine. Il postulait que le vivant reste supérieur à la machine, tout en nous mettant en garde contre la possibilité non négligeable qu'à force de représenter le corps comme une machine, le corps n'en vienne un jour à penser de façon machinale, la logique pure niant la force de l'intuition, voire même de l'imaginaire.

MARC : Le monde va finir. La mécanique nous aura tellement américanisés, le progrès aura si bien atrophié en nous toute la partie spirituelle, que rien parmi les rêveries sanguinaires, sacrilèges ou antinaturelles des utopistes ne pourra être comparé à ses résultats positifs.

HONORÉ : Encore Baudelaire, je crois. Belle citation mais un peu trop spiritualiste à mon goût.

LAURE : Ce serait la fin de l'humanité ?

PAUL : Non, celle de l'animalité, ce qui est plus grave.

LAURE : Mais si le corps est fait de matière, en quoi n'est-il pas une machine ? Vous ne répondez toujours pas à la question.

PAUL : À partir du moment où l'on considère tout élément matériel comme une machine, il n'y a pas de différence entre un corps et une machine ; mais il n'existe aucune nécessité de poser cette équation. Chaque machine est une invention, elle postule un constructeur ; la métaphore de la machine, quand il s'agit du vivant, est obligatoirement religieuse.

HONORÉ : J'ai un ami, très grand biologiste, qui, vers la fin de sa vie, s'est mis à construire des machines, versions modernes du canard de Vaucanson, qui veulent mimer l'intelligence humaine. Il prétend que c'est pour mieux comprendre celle-ci. Je pense que c'est surtout un effet de sa paranoïa ; il se prend vraiment pour Dieu.

LAURE : Il faudrait donc, tout en s'autorisant à construire des modèles sur un mode machiniste, s'interdire de penser les organismes vivants comme des machines. Mais alors, comment progresser tout en échappant à la distorsion provoquée par l'utilisation nécessaire – Paul le soulignait lui-même avant la performance de Marc et Claude – de la représentation construite ?

PAUL : En postulant que seul le vivant est modèle pour le vivant et en évacuant de la notion de modèle toute valeur de représentation.

LEANORE : Qu'est-ce qu'un modèle si ce n'est une représentation ?

HONORÉ : Un pied-de-biche.

LEANORE : Je rêve ! Que viennent faire les pieds-de-biche dans cette histoire ?

HONORÉ : Le pied-de-biche est un modèle de la porte sans en être une représentation. Il s'appuie sur le concept de porte pour mettre au point un système qui permettra de la faire sauter. Si le pied-de-biche faillissait à son office, c'est sans doute qu'il faudrait modifier le concept de porte.

LAURE : De sorte qu'un même modèle pourrait être négatif en tant que représentation et positif en tant que (*elle hésite*) pied-de-biche ?

HONORÉ : Sans aucun doute, et ton hésitation sur pied-de-biche est la bienvenue : le terme d'« hypothèse » serait sans doute plus approprié. L'hypothèse est le moyen intellectuel qu'on utilise pour tourner autour d'une question, la flairer et, finalement, construire une machine qui serait en même temps une machination, une expérience dont le but est d'avancer dans la connaissance de l'objet en lui tendant des pièges.

PAUL : Ce qu'il y a de sympathique avec les hypothèses, c'est qu'on sait d'avance que, même utiles, elles sont certainement fausses. D'ailleurs, c'est cette imperfection qui les rend efficaces et fait avancer la connaissance, dans la mesure où l'objet ne se plie jamais totalement aux prémisses de l'expérience. Au fond, ça rate toujours.

LEANORE : Comme l'amour.

HONORÉ : Il y a plus de vrai que tu ne le crois dans cette boutade.

Une fois encore, l'échange fut vif et dit sur un ton qui laissait, au-delà de la portée épistémologique du propos, percer certains sous-entendus. Il s'ensuivit un silence prolongé. Marc le rompit, qui avait déjà montré qu'il avait des lettres et qu'il savait utiliser les citations avec un étrange et poétique à-propos.

MARC : Des secrets si fluides qu'ils couleront entre vos doigts comme les minutes entre les cuisses d'une jolie femme.

PAUL : Voilà qui est joliment dit, il faudra que tu nous dévoiles tes sources, cher Marc. Mais revenons à nos machines, s'il vous plaît, car il me semble que, grâce à Marc et Claude, nous avons assez bien avancé et que nous entrevoyons que le reproche qui peut être fait à la représentation logico-mathématique de la pensée est d'être non pas une hypothèse, mais une position philosophique se donnant *a priori* comme une vérité. Les machines qui pensent, celles qui dérivent des construction de Turing ou de von Neumann, obéissent à des théories et des règles de calcul établies par les grands logiciens du début de ce siècle. Il n'y a rien à y redire. Malheureusement, ces constructions logiques et toutes celles qui ont suivi se présentent rarement comme des hypothèses, plutôt comme des modèles auxquels la logique du vivant est sommée de se plier, de toute force.

HONORÉ : N'est-il pas étrange, en effet, de voir comme certains supposent que la logique du cerveau, celle de sa construction ou de son évolution, devrait se conformer à une logique de la rationalité, par exemple, celle qui structure le discours scientifique ? Comme s'il y avait une pensée à l'œuvre dans l'Évolution, un grand horloger. Quand aurons-nous donc enfin la force, le courage ou plus simplement la volonté d'extirper du discours de la connaissance toutes les consonnances religieuses qui l'infestent.

LAURE : Ce qui signifie que dans l'étude du vivant il faut congédier l'idée de machine pour se débarrasser de celle de Dieu.

MARC : À la niche les glapisseurs de Dieu !

LEANORE : L'élève parle en maître.

HONORÉ : Ses progrès sont stupéfiants.

PAUL : Sans doute, chère Laure, mais tu conviendras que nous serons loin du compte si nous en restons là. Il faut aller plus loin, dénoncer le principal défaut de la représentation machiniste du corps ou du cerveau, qui est d'interdire tout progrès théorique d'envergure dans les sciences de la nature.

LAURE : N'est-ce pas un peu outré ?

PAUL : La vérité – dit le poète – gagnera

toujours à prendre, pour s'exprimer, un tour outrageant, pour la raison qu'elle est toujours si massivement minoritaire et que les intérêts de toute nature, ligués contre elle, sont souvent si puissants que c'est, hélas, la seule façon pour elle de se faire entendre, ne serait-ce que d'un nombre excessivement restreint de personnes. Le terrorisme intellectuel ne se trouve pas du côté de la minorité qui provoque et s'amuse, mais de la masse des bien-pensants, bardés de décorations, œuvrant dans le confort et la mollesse du consensus. Vois comment le système s'est mis en place. Tout d'abord, une clique décide philosophiquement de ce qui est scientifique et de ce qui ne l'est pas, déclare expurger la science de ses scories romantiques ou métaphysiques et installe la philosophie positive et la logique mathématique sur le trône doré de la Science.

MARC : Avec une grande scie.

PAUL : Ensuite, la construction de la machine pensante, merveille des mathématiques et de l'ingénierie, puis la présentation de ces machines et de celles qui leur succèdent comme des modèles universels de la pensée et de là, note le glissement, du cerveau, avec une confusion savamment entretenue entre les réseaux de neurones des informaticiens et des mathématiciens, et les neurones du cerveau vivant. Comment, devant tant d'évidences, tant d'intérêts économiques, tant de pouvoirs institutionnels, élever la voix pour dénoncer la supercherie ? Soulignera-t-on que ces machines sont de bien pauvres représentations, incapables de rendre compte des propriétés du moins évolué des vertébrés ? Le cœur consensuel lâchera immédiatement le maître mot, qui, ne voulant rien dire, prétend tout expliquer : complexité. Complexité ! Que de discours creux notre époque n'a-t-elle pas entendus en ton nom ! Comme si, sans changement de logique, l'augmentation à l'infini du nombre des éléments de la machine pouvait, en répudiant l'étude de l'Évolution et la mise en place d'une évolution expérimentale, suffire à transformer une machine en être vivant, un chien mort en chien joyeux et gambadant. Cette incroyable prétention est le reflet d'une incroyable légèreté, pour ne pas dire d'une incroyable paresse. Il serait trop dur à ces spécialistes de la généralité, qui flottent à la frontière floue d'une multidisciplinarité de pacotille, de se mettre patiemment à l'étude de la logique du vivant, de lui tendre les pièges de l'expérience, d'accepter de prendre mille fois le risque d'être trompés, d'avancer dans le noir, à tâtons. Mais à refuser ce travail patient, à vouloir forcer le vivant dans le cadre d'une théorie préétablie et dogmatique, ils ne voient pas que, depuis plusieurs années, un travail s'est déjà produit unifiant en un seul champ théorique les domaines autrefois disjoints de la génétique, de l'embryologie et de l'évolution. Ils ne voient pas non plus que, pour établir cette science biologique dans son indépendance théorique, il suffit de se décider à jeter au

loin les béquilles désormais inutiles du physicalisme.

Paul avait parlé avec passion, mais l'excès
n'était pas chez lui sans charme. Dans le silence
qui suivit sa péroraison, chacun se laissa aller à
ses propres pensées. Toutes n'étaient pas de la
nature de celles qui agitaient l'âme lassive de
Leanore : sachant le plaisir que procurait à son
corps la promenade érotique des mains fines et
agiles d'Honoré, elle songeait en même temps au
caractère dégoûtant d'une caresse absolument
identique, mais venue des doigts, non moins agiles,
de Paul. Et, preuve que la soirée avait porté ses
fruits, Leanore se disait, en philosophe, que c'était
sans doute la raison pour laquelle les ordinateurs
ne tombaient jamais amoureux.

Animalité des mathématiques

La chaleur, l'excitation intellectuelle et les excès de toutes sortes avaient eu des effets néfastes sur le sommeil. La plupart des hôtes, à l'exception de Marc, épuisé par tant d'efforts, ne s'étaient endormis qu'à l'aube. On s'éveilla donc en début d'après-midi et l'on se retrouva sur la terrasse, sous un soleil de plomb. La nuit avait fourni à chacun nombre d'éléments de réflexion ; il apparut assez vite que les pensées, une fois satisfaites les pulsions les plus animales, avaient tourné autour de la même question.

Leanore, qui avait reçu, à Cambridge même, une solide éducation en mathématiques et y avait respiré un air encore imprégné de la présence du grand Russell, trouvait que Paul avait peut-être de bons arguments, mais qu'il était allé un peu loin, à tout le moins un peu vite, et que le morceau de bravoure qui avait ponctué, la veille, la fin de la soirée avait été trop véhément pour ne pas être suspect de partialité. D'autres que Leanore, à des degrés divers, partageaient cette opinion. Honoré ne rencontra donc aucune résistance, quand, exprimant le besoin général d'une clarification, il proposa, puisque la soirée devait être consacrée à la lecture annoncée à plusieurs reprises, que l'on revienne un instant sur le rôle des mathématiques en biologie.

La chaleur était telle, cependant, que l'on dut renoncer à la terrasse ou au jardin. On s'installa donc, comme la veille, au salon maintenu dans un semblant de fraîcheur par l'épaisseur de ses murs. La lumière du jour traversait à peine les volets ; il régnait dans la pièce une pénombre qui fut vite prétexte à se mettre à l'aise. Sous les vêtements les plus légers, et les plus amples, le libre mouvement des corps se laissait aisément deviner.

LEANORE : Je pense exprimer l'opinion générale en disant que la leçon d'hier soir était totalement convaincante dans sa partie consacrée aux machines comme modèles ou comme représentations.

Elle y allait doucement afin de ne pas heurter Paul de front. Elle trouva cependant un angle d'attaque assez habile.

LEANORE : Pour ce qui est du rôle des mathématiques, je m'avance sans doute un peu, mais il pourrait sembler légèrement contradictoire de nier leur importance et, en même temps, de mettre en avant que le développement est une projection, dans la dimension corporelle, d'un génome spatialement et temporellement organisé.

HONORÉ : Voilà qui s'appelle poser la question et y répondre, car il y a mathématiques et mathématiques. La branche de cette discipline dont nous avons hier, non pas nié l'intérêt, mais critiqué les prétentions hégémoniques, est très précisément la logique mathématique, qui sert de référence à un courant philosophique se donnant, sans rire, comme philosophie scientifique et entendant, à ce titre, dire le droit dans toutes les sciences, y compris la biologie.

PAUL : Comme à une époque pas si lointaine le matérialisme dialectique.

HONORÉ : Mais à aucun moment, au cours des heures fort agréables (*il se serre imperceptiblement contre Laure, dont les cheveux sont relevés en un lourd chignon, dégageant un dos d'une grande élégance contre lequel les doigts d'Honoré viennent jouer*) que nous avons passées ensemble, il n'a été nié qu'il existait un certain rapport entre mathématiques et biologie.

LAURE : J'ai même retenu que ces mathématiques, cette logique du vivant, seraient peut-être à inventer.

MARC : Si elles existent, je prétends qu'elles sont d'ordre géométrique.

CLAUDE, *qui ne savait pas Marc philosophe* : Je te vois bien savant tout d'un coup.

Elle s'était blottie contre lui pour atténuer d'un geste doux l'ironie du propos.

MARC : Cela m'est venu spontanément (*il avait l'air de s'excuser*), mais à y réfléchir, c'est sans doute la belle régularité des formes que nous rencontrons dans la nature qui pourrait justifier le rapport de la géométrie à la biologie. Partout où je me tourne, je ne vois en effet que des figures géométriques ou des traits qui peuvent s'y rapporter. Le moindre bourgeon semble habité par une loi mathématique, la plupart des êtres vivants montrent une symétrie bilatérale, au moins pour leurs organes externes, ou radiaires, comme chez l'oursin et le melon. Comment, dans ces conditions, douter que si le vivant est mathématicien, et il n'appartient pas à un modeste danseur d'en décider, alors il est géomètre.

L'ironie affectueuse avait fait place chez Claude à une réelle admiration qu'elle marqua d'un baiser aussi voluptueux que spontané.

HONORÉ : Mon cher Marc, ton observation est bienvenue et elle me rappelle que Paul, il y a deux jours, avait, en passant, fait allusion à d'Arcy Thompson, un homme qui était à la fois mathématicien, philosophe et biologiste, ou plutôt naturaliste

LEANORE : Et anglais.

HONORÉ : On le saura ! Et qui se livrait à de nombreuses observations sur les ressemblances entre les figures du vivant, dans leur grande diversité, et les formes d'objets physiques totalement dépourvus de vivacité.

LEANORE : Si mes souvenirs sont exacts, le projet de d'Arcy Thompson était de développer une vraie science biologique, c'est-à-dire, dans son opinion, une biologie physico-mathématique.

Paul était resté jusque-là silencieux, hésitant entre laisser faire Honoré et intervenir dans un échange dont l'objet le passionnait. À vrai dire, il ne doutait guère de l'issue du débat. Les deux amis avaient, en effet, souvent discuté de ces questions et se savaient en parfait accord. Il se décida momentanément pour la première solution, se laissant envahir par la lassivité. Était-ce un effet de la chaleur ou des réminiscences de la nuit ? Le spectacle de tant de corps partiellement dénudés l'avait mis dans cet état rare où la vue semble totalement suffire au bonheur des sens. Seule une cigarette d'herbe, ou même simplement son odeur, aurait pu ajouter encore à sa sérénité.

MARC : L'ombre d'une rose est une rose légère.

HONORÉ, *qui n'était pas loin de partager les mêmes dispositions que son complice* : Ce qu'il y a d'unique chez d'Arcy, c'est que jamais il ne fait de modèles du vivant. Il ne s'intéresse dans les objets biologiques qu'aux aspects relevant des sciences physiques. Force de gravité, viscosité, tension superficielle, sont pour lui les acteurs de la morphogénèse. Nulle différence entre le procédé qui permet au souffleur de verre ou au potier de fabriquer des objets à partir du cristal en fusion ou d'une argile informe, et les forces qui façonnent les objets vivants. Partout, il ne voit que des énergies qui torturent la matière. Non seulement cette façon de penser est loin d'être illégitime, mais encore elle a attiré l'attention des biologistes sur des variables physiques trop souvent négligées dans l'étude des êtres vivants.

LAURE : Par exemple ?

HONORÉ : Par exemple, l'importance de la taille et du rapport idéal entre le volume du corps et sa surface, ou encore l'importance des constructions internes comme le squelette, qui permettent de lutter contre les forces liées à la masse et à la gravité. Tu comprendras aisément qu'un être ayant une masse extrêmement faible se passera d'une ossature robuste, mais que, de par sa légèreté, il sera dans le même temps beaucoup plus sensible aux tensions superficielles.

MARC : Est-ce pour cela que les mouches peuvent marcher au plafond ?

HONORÉ : Oui, mais rassure-toi si, comme je crois le deviner, ta question n'est pas sans rapport avec ta profession, car c'est justement cette gravité contre laquelle le danseur s'élève, mais qui sans cesse le domine, qui lui permet de travailler les trajectoires gracieuses constituant le répertoire grammatical de la danse, cabrioles, assemblés, sauts de chat... Quelle différence dans l'élégance avec la maladresse insigne des êtres en apesanteur, comme chacun aura pu le constater qui a observé à la télévision les déplacements grotesques des astronautes.

CLAUDE : On dirait de gros hannetons.

Marc, pendant qu'Honoré parlait, s'était lancé dans l'illustration desdites figures. La chaleur aidant, il fut vite en nage et le mince vêtement qu'il portait, soudain collé étroitement à sa peau et rendu transparent par la sueur, trahissait la troublante perfection de ses formes.

CLAUDE : Plus émouvant et pur qu'une émouvante...

Elle s'était levée et avait totalement déshabillé Marc pour mieux le frotter d'un linge sec. Marc s'étant rapidement drapé revint prendre sa place. Honoré aurait voulu développer son discours sur l'importance de la géométrie, mais il en fut empêché par sa maîtresse.

LEANORE : Les astronautes, puisqu'on en parle, grandissent en apesanteur : leurs os devenus pour ainsi dire inutiles ne sont plus maintenus en place par le poids du corps.

PAUL : Voilà qui me rappelle un supplice de l'Inquisition : il consistait à étirer le corps allongé d'un homme ou d'une femme maintenu à ses deux extrémités sur une table dont les planches disjointes pouvaient être écartées progressivement à l'aide d'un treuil. Il paraît que la rupture des tendons et la dislocation des vertèbres pouvaient étirer le corps du supplicié d'au moins cinquante centimètres. La mort survenait toujours au moment où l'on relâchait la tension.

LEANORE : Dieu merci, cela n'arrive pas aux astronautes !

HONORÉ : C'est que la tension exercée est beaucoup moins forte et le retour à la normale surveillé et progressif.

Tout en parlant, il s'était déplacé vers la bibliothèque et en avait rapporté le catalogue d'une exposition consacrée aux instruments de torture utilisés sous l'Inquisition. Il montra à ses amis la configuration de la table d'élongation. Tous étaient rassemblés autour de lui et on feuilleta l'ouvrage avec une sage attention. On n'y voyait que des objets d'un horrible usage. Laure s'arrêta sur la reproduction d'un fauteuil hérissé de pointes d'acier sur lequel l'hérétique devait être assis nu, comme l'indiquait, avec une précision toute scientifique, le texte de la légende.

LEANORE : Mais c'est horrible !

Le frisson qui la parcourait rendit son accent plus délicieux encore.

PAUL : Plus même que tu ne crois, car les bourreaux, gens parfois raffinés, allumaient sous le siège un feu qui, chauffant à blanc les pointes, multipliait la douleur. La chair grésillait au contact de l'acier et les cris du supplicié ainsi empalé étaient étouffés par un masque de fer dont une protubérance savamment dessinée s'enfonçait dans la bouche. Le tout au nom de l'amour de Dieu...

LAURE : Quel réalisme ! Je sens l'odeur des corps brûlés.

MARC : Dieu merci, c'est le cas de le dire, ces temps sont révolus.

HONORÉ : N'en crois rien. Ces instruments existent encore, certes sous une forme modernisée, puisque le feu a été remplacé par l'électricité. On les utilise dans certains pays où la torture est une pratique courante.

CLAUDE : Mais les suppliciés doivent s'évanouir de douleur, voire mourir !

HONORÉ : Ils s'évanouissent mais ne meurent pas, en tout cas pas immédiatement, car des médecins sont là pour les ranimer au nom de l'éthique médicale. Ainsi la morale et la raison d'État concourent-elles au maintien de l'ordre social.

PAUL : Je crois que nous nous éloignons de d'Arcy Thompson.

HONORÉ : Tu as raison de nous rappeler à l'ordre, d'autant que nous sommes en train de bousculer le déroulement de notre programme, qui devra, si nous en avons le temps, inclure une leçon sur l'éthique. Je vais donc reprendre, si vous le voulez bien.

Tous se rassirent, seul l'empourprement inhabituel des joues de Laure pouvait laisser supposer que ces images violentes avaient trouvé le chemin de sa sensualité.

HONORÉ : Donc, d'Arcy Thompson, considérant le vivant sous son aspect « matériel », décrit la morphogenèse comme le résultat de l'action de forces physiques. Et c'est là, je le répète, une façon de voir par laquelle la physique a contribué de façon importante, parfois décisive, à de nombreuses avancées dans les sciences biologiques.

LAURE : Mais il aura fallu pour cela mettre de côté ce qui est spécifiquement vivant, c'est-à-dire les phénomènes de reproduction et d'évolution.

PAUL : Sans aucun doute, comme il aura fallu traduire ces forces en termes biologiques, rechercher leurs supports physiques. Pour une cellule, les forces intérieures résultent essentiellement de la formation de son squelette, ou cytosquelette, qui n'est pas aussi rigide que ce terme pourrait le suggérer. La capacité du cytosquelette à se dissoudre, totalement ou localement, puis à se reformer rapidement confère à ces forces internes une très grande mobilité. Les forces externes ont pour support des molécules d'adhésion grâce auxquelles chaque cellule interagit avec son environnement immédiat. Toutes ces forces externes et internes collaborent pour former le patron de force général de l'organe, dont nous savons qu'il est également soumis aux influences des gènes de développement.

LEANORE : Faut-il donc supposer que l'état, la quantité et la disposition des molécules qui servent de support à ces forces, qui les matérialisent, sont placés sous le contrôle de gènes de développement dont elles exécuteraient, pour ainsi dire, les ordres ?

HONORÉ : Parfaitement, mais ces molécules

ont également la possibilité de moduler, en retour, l'action de ces gènes. Il s'ensuit un incessant va-et-vient grâce auquel, dans le cadre défini par l'enveloppe génétique, les organes se construisent en accord avec leur environnement.

MARC : Comme dans un ballet, les danseurs peuvent modifier un argument chorégraphique... Les gènes seraient les chorégraphes et les molécules d'adhésion ou du cytosquelette des exécuteurs doués d'une intelligence propre ?

HONORÉ : Cette métaphore est très pertinente et illustre comment par le jeu qui se noue entre l'intérieur et l'extérieur se crée un mouvement morphogénétique général, une forme.

LAURE : Mais je croyais que les interprètes de d'Arcy Thompson s'appuyaient justement, aujourd'hui, sur ses théories pour défendre le point de vue selon lequel la génétique ne saurait rendre compte des processus morphogénétiques. C'est en tout cas ce que mon père a retenu des leçons d'un grand mathématicien japonais, je crois me souvenir qu'il s'appelait le professeur Kata.

PAUL : Les arguments du professeur Kata sont bien connus, et fort subtils, puisqu'ils sont avancés contre l'idée qu'une logique algébrique, celle que, sur la foi des biologistes, il attribue au génome, puisse rendre compte de la morphogenèse. Mais, dans son argumentation, ce grand mathématicien semble négliger, ou simplement ignorer, la structure spatio-temporelle, donc géométrique et non algébrique, de la partie du génome impliquée dans les phénomènes développementaux.

LEANORE : Cela a été dit mille fois depuis deux jours.

HONORÉ : Et à juste titre. Les choses importantes se doivent d'être répétées aussi longtemps que nécessaire, surtout quand elles vont à l'encontre du sens commun.

MARC : Qu'il ne faut pas confondre avec le bon sens.

LAURE : Ce qui ferait que, paradoxalement, d'Arcy Thompson, en défendant une géométrie biologique, annoncerait la biologie moderne.

PAUL : Sans doute. Le plus drôle est que son point de départ est purement physicaliste.

HONORÉ : On pourrait même avancer que d'Arcy Thompson a contribué à la découverte du concept de gène de développement. Dans le dernier chapitre de son livre, celui où il décrit la méthode des coordonnées, il propose en effet clairement que l'évolution des espèces suppose une déformation discrète de la structure des organes, qui répond à des lois de transformation géométriques. Ces transformations seraient le résultat réglé de croissances différentielles le long des divers axes d'un organe.

PAUL : Que d'Arcy ait pu contribuer à l'élaboration du concept de gène de développement est une opinion exprimée par Gawin de Beer dès 1934.

LEANORE : Cette séance, dont, je le concède,

je suis un peu responsable, finalement m'ennuie. Et je tirerais bien la conclusion que s'il n'y a que des formes dans la nature, il n'est pas étonnant qu'une mathématique de la biologie relève de la géométrie...

PAUL, *ignorant cette interruption* : Ou d'une branche des mathématiques encore à inventer, qui n'entretiendrait pas avec son objet biologique une relation de l'ordre du représentatif, mais qui, lui étant cosubstantielle, permettrait de découvrir, bref, une théorie au plein sens du terme. Peut-être, d'Arcy Thompson, par l'intuition géométrique, était-il proche de la voie, puisque, comme le faisait remarquer Marc avec son habituelle sensibilité, les animaux sont géomètres. Cela laisse augurer un plaisant retournement quand le temps sera venu de substituer aux mathématiques de l'animalité une animalité des mathématiques.

Il n'eut pas le loisir d'en dire plus, car chacun, d'un commun accord, s'était déjà levé. La chaleur, malgré l'épaisseur des murs et l'obscurité du salon, avait fini par s'immiscer, et les visages étaient couverts de fines gouttelettes de sueur dont l'accumulation sensuelle sur les lèvres supérieures anticipait la saveur salée de l'amour.

Bien inspiré, Honoré proposa d'aller se baigner dans la rivière. L'idée fut accueillie avec enthousiasme. On convia à la fête l'ensemble des domestiques du château et la bande, suivie des jardiniers qui portaient de pleins paniers de friandises et des parasols, descendit joyeusement le sentier au bout duquel un resserrement de la roche formait digue, créant ainsi un bassin profond et naturel. Chacun se dévêtit et l'on put constater que la nature, d'habitude inégale et injuste, n'avait défavorisé aucun des baigneurs. Jusqu'à la fin de ce bel après-midi, place fut laissée aux ébats des corps et à leurs multiples combinaisons qui se firent et se défirent, dans l'eau, sur les berges et dans les cavités naturelles du roc.

Pour une théorie du vivant

La lecture promise par Honoré eut lieu dans le théâtre de verdure. La petite troupe, habillée avec élégance (on allait un peu au spectacle), s'était installée le plus confortablement possible. Sur les visages, assez pâles au début du séjour, commençait à percer un hâle léger qui masquait chez les uns la fatigue des ans et rehaussait chez les autres la fraîcheur encore inaltérée de leur teint.

Honoré s'avança au-devant de ses amis qui formaient un demi-cercle coloré. Ses cheveux noirs et soyeux encadraient un visage dont la rondeur s'alliait à une délicatesse et une finesse empreintes de sensualité gourmande. Il sortit de sa poche un étui d'ivoire ancien dont la taille et la forme oblongue ne laissaient aucun doute quant à son usage premier et qui renfermait un long parchemin de papier bible large de vingt centimètres et long de quelque trois mètres sur lequel courait une écriture fine, sans la moindre rature, et il se prépara à la lecture.

HONORÉ : « Biologistes encore un effort.

« Il n'est de jour où nous ne constations les progrès considérables de la science biologique. Et en effet, chaque promenade dans un champ, chaque visite à un ami malade, nous rappelle la tangible réalité du bond en avant des biotechnologies. Il n'est pas jusqu'à la lecture des cours de la Bourse qui ne nous le confirme : si l'espoir ne fait pas forcément vivre, en tout cas il fait bien vendre.

« Mais je n'ai pas pris ce soir une plume grincheuse et atrabilaire. Non, assurée de voir la biologie, entourée des deux bonnes fées Excellence Technologique et Pureté Phénoménologique, voler désormais de succès thérapeutiques en révolutions agronomiques, mon intention est d'explorer une vieille brisure, une faille, un défaut pour ainsi dire de naissance, qui, lovée en son cœur et insoucieuse de la puissance des muscles et de la solidité des os, menace de fragiliser l'édifice entier.

« Qu'une frêle jeune femme se risque pour parler de la biologie, de la physiologie au sens bernardien, pour réfléchir à l'aboutissement de cent années au cours desquelles cette discipline s'est forgée comme théorie, bataillant d'un côté contre le réductionnisme physicaliste, de l'autre contre une anatomie fortement teintée de vitalisme, voilà qui pourrait prêter à sourire. D'autant que nos modernes pragmatiques se moquent bien de ces brisures-là. Que nous importe – diront-ils – que la biologie pense pourvu qu'elle soigne !

« Eh bien, il importe, et ce texte jeté comme une bouteille à la mer rencontrera j'en suis certaine quelques oreilles attentives, happy fews. Voguez donc, paroles promiscueuses enchâssées dans l'ivoire précieux !

« Comment ne pas commencer mon propos en rendant hommage à un grand physiologiste français Claude Bernard ? Grand nutritionniste, devrais-je dire. Bernard, en effet, qui se crut un instant poète, entra en physiologie par la bouche, c'est-à-dire par l'étude des fonctions nutritives, suc pancréatique et fonction glycogénique du foie. Ce sont ces études qui l'amenèrent à réfléchir à la gestion des aliments par le corps, gestion des réserves : comment elles se constituent, comment elles sont libérées en fonction des besoins de l'organisme.

« Voilà qui n'a l'air de rien, mais là réside justement le génie qui de ce rien fait germer l'idée de l'unité du vivant, le glycogène chez l'animal équivalent de l'amidon dans la plante. L'idée de l'indépendance des êtres vivants vis-à-vis du milieu extérieur et celle, inséparable, d'un milieu intérieur transformant et transportant l'élément nutritif, qui irrigue et unifie en un tout cohérent, celui de l'organisme, chaque organe, chaque cellule. À partir de là, on s'interroge sur la permanence de cette unité, sur celle de la forme des organes et des individus ; la nutrition cesse d'être organique pour devenir organogénique. Et c'est la grande question de la genèse, du maintien et de la reproduction des formes qui surgit, liée à celle de l'évolution de ces mêmes formes, au cœur de toute théorie du vivant.

« Ne brûlons pas les étapes. À partir de ce rien, de ce concept de milieu intérieur, de cette idée de nutrition comme renouvellement des formes et donc comme processus morphogénétique silencieux qui compense la dégradation continue, c'est la physiologie qui entre en scène. Le fameux " La vie c'est la mort ", qui marque l'incessant renouvellement organique masqué par la permanence de la structure morphologique macroscopique, répond, comme en écho, à l'aphorisme vitaliste de Bichat : " La vie est l'ensemble des forces qui résistent à la mort ", pour qui les tissus étaient habités d'un principe vital. Ô ironie ! Les thermodynamiciens du vivant, les tenants de la néguentropie, tout en se réclamant d'un matérialisme absolu, ne sont en fait que les pâles héritiers de ce vitalisme tissulaire qui, chez Bichat, avait encore, du moins, une certaine allure.

« Ce n'est pas tout. Le concept même de milieu intérieur, en tant qu'il trace un lien avec le milieu biologique extérieur, répudie l'éther des physiciens. Le vivant, d'un bond puissant, échappe à la juridiction de la physique, comme la nutrition échappe aux pauvres images lavoisiennes associées à l'idée de combustion et de bilan énergétique entre les entrées et les sorties.

« Les pages de Bernard sont admirables où, tout en rendant hommage aux savants chimistes, anatomistes et physiciens, il trace à coups de serpe, véritable Newton du brin d'herbe, le chemin propre à la physiologie physiologique. C'est une Américaine qui vous le dit : la biologie, de ce côté-ci de l'Atlantique, n'aurait pas eu son heure de gloire si Canon n'avait emporté avec lui l'étincelle bernardienne. Biologistes, avant de fournir un effort supplémentaire, biologistes français, avant de singer la science américaine dans ce qu'elle a de moins respectable et de disputer à vos voisins germaniques le titre de meilleur caniche des Américains, relisez Claude Bernard. Relisons-le dans ses passages triomphants, relisons-le surtout là où il hésite, là où il se trompe, là où il trébuche sur l'obstacle.

« Car il existe bien un obstacle à l'établissement d'une biologie autonome : celui de la production et de l'évolution de formes. Comment comprendre la prédictibilité du développement, l'atavisme de la forme par lequel d'un œuf de poulet surgit un poulet et d'un œuf de lapin, un lapin ? Comment, surtout, concilier d'une part l'hérédité morphogénétique et de l'autre un déroulement épigénétique qui exclut que, contrairement aux théories préformationnistes, le développement soit le simple agrandissement, au sens photographique du terme, d'un homunculus ?

« Bernard le sait, il le dit, il l'écrit : tant que cette question n'aura pas été résolue scientifiquement, la zoologie restera une science descriptive et les questions d'embryologie et d'évolution seront confinées dans les zones obscures du prépositif et du métaphysique.

« De la réflexion du physiologiste, qui s'étend de ses premières découvertes sur le suc pancréatique jusqu'à la fin de son existence – deux grands textes, peut-être les plus grands (les *Leçons sur les phénomènes communs aux végétaux et aux animaux* et *Les principes de médecine expérimentale*), ayant été publiés de façon posthume –, l'Université et l'École n'auront retenu, curieusement, que les leçons de méthode. Et encore, pour en répandre un faux sens. Bernard serait le Descartes de la biologie, alors qu'il en est le Newton ! Double faux sens, en vérité. D'abord, parce que Bernard n'a pas défendu la Méthode, avec un grand M, mais *une* méthode adaptée à l'étude du vivant. Il a joué du couteau et instillé le poison, il a revendiqué le droit d'entrer dans le vivant et de naviguer dans le milieu intérieur. Ensuite, parce que, si méthode il y a, elle consiste à s'appuyer sur des théories fragmentaires et à les rejeter dès qu'elles sont devenues inutiles, l'image du scalpel usé. La méthode de Bernard, c'est le droit de penser et non seulement de décrire, c'est la main guidée par la théorie.

« Comment d'ailleurs s'étonner d'un tel déplacement de sens de la part de commentateurs ayant grandi sous le double parrainage d'un positivisme plat et de l'alchimie, alliance en science du puritanisme laïque et du moulin à prières ? L'important n'étant plus la question posée, le résultat attendu, le bonheur de la trouvaille, même modeste, fragmentaire, illusoire peut-être, mais la méthode, la souffrance, le plaisir toujours remis, et le sel sur le point d'être pur, remêlé à la tourbe pour le repurifier, encore et toujours.

« D'autres l'ont souligné avant moi, Bernard est un homme qui, ayant fait une découverte, s'interroge sur la façon dont cela s'est produit, émerveillement devant le " J'ai trouvé ". Combien ont suivi le chemin inverse, cherchant à définir une méthode pour trouver ? On pourrait faire quelques comparaisons, ironiser, montrer une futile cruauté. À quoi bon ? Bernard, s'il est intellectuellement rigoureux, s'il est méthodique dans ses observations, s'il construit ses expériences comme des pièges tendus au vivant, n'a ni la religion de la méthode ni celle de la fausse rigueur. Il sait, comme il l'écrit lui-même, quitter le sillon pour se jeter à travers champs. Et c'est à travers champs, dans ce lieu indécis où la science touche à la littérature, dans cette zone incertaine non encore illuminée par la clarté de la pure logique, mais déjà séparée du domaine des ombres, qu'il fit, comme tant d'autres, et pas seulement biologistes, ses plus belles découvertes.

« Mais revenons à la question essentielle de la forme, de son caractère héréditaire, de son développement. J'affirme qu'elle fonde toute théorie biologique en tant qu'une telle théorie se doit de rendre compte du vivant comme système capable de se reproduire et d'évoluer. La distinction formelle entre développement des individus et évolution des espèces est d'ailleurs une invention récente et le XVIIIᵉ siècle confondait les deux phénomènes sous le vocable unique d'Évolution.

« Tout au long du XIXᵉ siècle, à travers l'anatomie comparée, la paléontologie et la théorie darwinienne, à travers l'embryologie expérimentale et la génétique mendélienne, cette conception unifiée du vivant s'est peu à peu frayé un chemin dans les esprits et les manuels. La mise en évidence récente de gènes de développement achève d'unifier cette discipline en permettant de comprendre les mécanismes développementaux et en ouvrant la voie à une évolution expérimentale.

« C'est parce que sa réflexion avait précédé la découverte de Mendel, ignoré et réinventé par de Vries plus de vingt ans après sa mort, parce qu'il n'avait pas suffisamment porté attention à l'œuvre de Darwin — que son statut non expérimental rendait suspecte de non-scientificité — que Bernard rencontrait dans la question de la forme, de son passage à travers les générations et de son actualisation dans un individu, ce qu'un philosophe français qualifiera bien plus tard d'obstacle épistémologique.

« Pour rester dans le XIXe siècle, alors que Bernard trouvait la force de dégager la physiologie, de la fonder en écartant les deux pièges du réductionnisme physicaliste et du vitalisme, un autre savant, Ernst Haeckel, professeur à l'université d'Iéna, importait les idées darwiniennes en Allemagne. Par la loi phylogénétique fondamentale – " L'ontogenèse récapitule la phylogenèse " –, proposant que le petit, au cours de sa vie fœtale, reproduit en condensé l'ensemble de l'histoire évolutive de l'espèce, Haeckel exprime sa profonde conviction non seulement de l'existence d'un lien cosubstantiel entre évolution et développement, mais encore d'une similitude dans les mécanismes internes à ces deux processus dynamiques.

« On pourra toujours se gausser, redire les multiples erreurs commises par Haeckel, dénoncer le culte organisé autour de sa personne et même voir en lui un tyran domestique ou un idéologue du racisme, voire – sans rire et au mépris des dates – du nazisme, il n'empêche : Haeckel, quand il lie ainsi ontogénie et phylogenèse, à défaut d'avoir raison est dans le vrai, et de manière décisive, sur ce qui touche à la fois au matérialisme biologique et à la théorie du vivant. Anticlérical et athée jusqu'à l'obsession, encore au dernier jour de sa vie infatigable militant anti-papiste, Haeckel avait compris qu'être matérialiste ne consiste plus, au XIXe siècle, à défendre la nature matérielle des organismes –

la question est tranchée depuis belle lurette –, mais à dégager les lois théoriques qui permettent de comprendre comment ces formes, parce qu'elles sont vivantes, se reproduisent, se développent, évoluent.

« La solution à ces questions qui sont au cœur de la réflexion de tous les grands biologistes du XIXᵉ siècle ne pouvait être apportée sans que soit comprise la nature discrète des éléments qui, passant de génération à génération, transmettent les caractères. Ce en quoi le travail de Mendel, le moine génial, est fondamental n'est pas tant dans l'indication de la nature matérielle du support génétique que dans la démonstration d'une ségrégation indépendante des caractères, petit ou gros, lisse ou ridé, ségrégation permettant leur mélange et, par là, la naissance de nouvelles combinaisons donnant prise à la sélection naturelle. Et il fallait que l'idée d'évolution ait bien pénétré les esprits pour que de Vries pût redécouvrir Mendel et que cette redécouverte prît toute sa force.

« Cette méprise (découverte des gènes au lieu de découverte de la ségrégation des caractères) me rappelle l'incompréhension d'un journaliste scientifique que je rencontrai à l'occasion de l'anniversaire de l'article célèbre de Watson et Crick, et qui était convaincu qu'on célébrait la découverte de la structure chimique de l'ADN. Pauvre Friedrich Miescher, te voilà bien enterré ! Il ne comprenait pas, ce sympathique jeune homme, que l'important dans cette découverte était la structure semi-conservatrice de la double hélice, laquelle, faisant de chaque brin une copie de l'autre, permettait de saisir comment chaque cellule peut emporter, au cours de sa division, un exemplaire identique, ou presque, du génome. Là encore, c'était la question physiologique, la reproduction, qui prenait le pas sur la structure chimique. Point fondamental, parce que c'est cette structure, et celle-là seule, qui permettait de rendre compte de la reproduction des gènes. Faute de saisir cette distinction, toutes les structures chimiques se vaudraient et on ne comprendrait pas pourquoi celle-là précisément aurait été inventée puis conservée au cours de l'évolution. Le seul point à retenir serait la nature chimique et non spirituelle du matériel héréditaire. *What else is new ?* Comme on dit chez nous.

« Comment ne pas se pincer quand on entend d'éminents savants continuer de dépenser une énergie considérable en un combat gagné de longue date, convaincus qu'ils sont que la grande affaire, la der des der, est de réduire (joli terme ma foi) la physiologie à sa base physico-chimique, faute de quoi vous serez vitaliste, mon cher. Anathème, anathème ! Comme si le seul projet authentiquement matérialiste (le leur bien entendu) était la description du vivant à l'échelle moléculaire et sa subséquente mathématisation.

« En fait, on ne peut comprendre ce qui se passe aujourd'hui dans le domaine des sciences biologiques si on n'intègre pas cette vision de la biologie comme théâtre d'une lutte dans la théorie. D'un côté, nous voyons la longue tradition que je viens d'évoquer à travers Bernard, Haeckel – et combien d'autres ! – se cristalliser théoriquement autour de la notion de gènes de développement qui, j'y reviendrai, lie la physiologie au développement et à l'évolution, faisant entrer celle-ci dans le champ des sciences expérimentales. De l'autre, nous prenons acte d'un discours parallèle, voire antagonique, fondé sur une tradition philosophique qui dénie à la biologie toute indépendance théorique et qui, prompte à lui imposer des théories importées de la physique, la réduit à la triste position d'être comme en dehors d'elle-même, dépossédée.

« Dans la ligne d'un positivisme classique, cette autre conception pose la physique en horizon des sciences du vivant et fait de la mathématisation le critère ultime de la scientificité. Dans cette conception, la biologie, lorsqu'elle traite de la reproduction et de l'évolution des formes du vivant, reste une métaphysique. Cette philosophie fut reprise et étendue par le Cercle de Vienne qui, sur la base de l'universalité des règles de la logique mathématique, rejette la métaphysique et l'introspection psychologique. En biologie, le *Manifeste du Cercle de Vienne* fait référence au behaviourisme comme doctrine répondant aux critères modernes de scientificité. Ce jusqu'au début des années quarante, période au cours de laquelle la pauvreté de l'approche purement logique du stimulus-réponse apparut si évidente que la nécessité toute bernardienne de plonger le scalpel dans le cortex devint aveuglante.

« Et cette direction eût sans doute été prise avec plus de vigueur, n'eût été, sur fond de guerre et de codes secrets, l'irruption des systèmes de calcul – géniales machines de Turing ou de von Neumann – dont la construction est fondée sur la logique mathématique, celle-là même dont le Cercle de Vienne a fait son point de référence scientifique et philosophique. Ces " machines qui pensent " apparaissent dès lors comme des modèles de cerveau. Elles fonctionnent selon des règles logiques dont il est inféré qu'elles sont celles des machines cérébrales vivantes. À partir de là, et malgré les nombreux glissements qui apparaîtront dans l'assimilation du cerveau à la machine, il est clair que, pour nombre de philosophes et de scientifiques, l'ordinateur est devenu une représentation du cerveau. Il s'agit même d'une double représentation : la logique du cerveau est celle de la machine en même temps que la construction du cerveau, son câblage neuronal, est assimilée à celle des ordinateurs. Malgré les précautions oratoires qui invoquent le plus souvent la complexité du vivant, la philosophie de la démarche est claire, illustrée par l'utilisation par les spécialistes des machines intelligentes du terme même de réseau de neurones.

« La nécessité de décortiquer la machine réelle,

le corps vivant, passe de nouveau en arrière-plan du programme positiviste. Pire, on étudiait le comportement des animaux, eh bien on s'intéressera à celui des " animats ". À qui fera-t-on croire qu'une représentation peut devenir un modèle ou une théorie, sinon à ceux-là mêmes qui sont assez naïfs ou ignorants pour gober sans sourciller qu'il suffit de mettre des poils à un ordinateur ou à toute autre machine réelle ou virtuelle pour devenir – *ipso facto* – biologiste et théoricien du cerveau ?

« Qu'est-ce donc qu'une théorie du vivant ? Y a-t-il place, à côté des théories mathématiques et physiques, pour une théorie biologique indépendante ? Peut-on accepter le propos de sens commun qui voudrait qu'affirmer l'indépendance théorique de la biologie signifie que l'on refuse l'application des théories et des méthodes de la physico-chimie à l'étude du vivant et que l'on invoque un quelconque principe vital ? Doit-on renoncer, face au terrorisme physico-réductionniste, à la mise en place de constructions conceptuelles adéquates et spécifiques qui définissent historiquement une théorie biologique ?

« Les enjeux philosophiques et scientifiques de ce débat sont illustrés par ce qui se donne depuis plusieurs décennies comme une discipline en émergence : les Sciences Cognitives. Cette " discipline " ne constitue pas une grande famille ouverte sur une pluridisciplinarité de rêve. Comme toutes les familles, elle est une machine qui fonctionne à la fois sur le rassemblement et sur l'exclusion, et les exclus sont, très précisément, ceux qui rejettent l'adhésion quasi religieuse à l'empirisme logique, qui est le credo de ce rassemblement interdisciplinaire et qui, aujourd'hui, comme en son temps le matérialisme dialectique, se fonde sur une scientificité auto-affirmée pour dire le droit et faire la police dans le domaine des Sciences Cognitives, et à vrai dire dans toutes les sciences. »

Honoré avait tâché de faire passer dans sa diction la passion qui animait le texte de Los Angeles Terrible. Essoufflé, il s'interrompit pour se désaltérer. Laure en profita.

LAURE : Voilà deux fois, je crois, que nous entendons parler de matérialisme dialectique dans le cadre d'une comparaison avec l'empirisme logique. Ne serait-il pas possible d'expliciter ce parallélisme que je trouve, pour ma part, excessif et injuste ?

PAUL : La biologie se prête pourtant bien à ce parallèle, étant la discipline qui a le plus souffert du lyssenkisme, du nom de Lyssenko, biologiste agronome russe ayant joué un rôle majeur dans la dénonciation de la génétique comme science bourgeoise, puis dans son élimination, et dans celle, physique, de nombre de généticiens de grand talent. Le nom de Vavilov est dans toutes les mémoires. Durant cette période, la biologie soviétique, sommée de répondre aux difficultés de l'agriculture, fut prise en tenaille entre un discours philosophique se donnant comme scientifique, philosophie officielle du marxisme institutionnel, et l'urgence économique. Ce fut l'alliance du pouvoir technocratique et du gauchisme de la « science pour le peuple ».

HONORÉ : L'empirisme logique n'est tout de même pas la philosophie officielle du pouvoir politique et ne débouche pas sur l'élimination intellectuelle et physique de ses opposants. Il ne faut pas exagérer.

PAUL : Cela va de soi et on peut espérer qu'il s'agit de temps révolus. Malgré l'importance économique de la robotique et des machines pensantes, je suis tout prêt à admettre que ma comparaison était disproportionnée.

LEANORE : Que voilà un mea culpa rapide, mon cher Paulo. À vrai dire, peut-être trop rapide.

Devant l'air étonné de ses interlocuteurs peu habitués à de telles saillies de sa part, elle ne peut s'empêcher de sourire avant de reprendre : Si vous lisiez plus attentivement la presse internationale, vous sauriez que certains discours ouvertement racistes, tenus principalement outre-Atlantique par des personnalités ayant ou étant en position d'avoir rapidement des positions de pouvoir, s'appuient sur une prétendue hérédité de l'intelligence – en rapport direct avec l'héritabilité supposée des réseaux neuronaux – pour remettre en cause les programmes sociaux. À quoi bon dépenser l'argent du contribuable pour des individus souvent colorés ? génétiquement, donc par nature et irrémédiablement, moins intelligents, plus criminels, alcooliques ou dépravés, éventuellement bons à enfermer, stériliser – cela s'est déjà vu –, ou même éliminer – la peine de mort n'est pas faite pour les chiens... Le darwinisme social représente une tradition suffisamment bien implantée pour nous inciter à la vigilance. Ce qui ne diminue en rien le mérite de ton mea culpa.

PAUL : La vigilance s'impose, en effet, d'autant que le mode de financement de l'activité scientifique montre la permanence – demande sociale oblige – de ce que j'appellerai un lyssenkisme rampant.

CLAUDE : Jolie formule.

LEANORE : Qui illustre, si j'ai bien compris, une forme d'alliance entre nécessité économique, activité scientifique et humanisme gauchisant.

CLAUDE : Ah ! sur tous les murs de Paris, au nom des sans-abri, l'union attendrissante du généticien rationaliste et de l'abbé médiatique ! N'est-elle pas magnifique, cette réconciliation des contraires dans la défense de l'humain ?

MARC : Il est des accouplements obscènes.

LEANORE : Nous nous égarons et devrions revenir à la lecture.

HONORÉ : Je reprends donc :

« Mais sans doute suis-je là un peu trop sévère, ou emportée. Le débat ouvert en biologie par le mouvement cognitiviste est trop riche pour qu'on le tranche en quelques phrases lapidaires. Il dépasse largement la question du réductionnisme ou même de la logique mathématique, car il touche à la fois au concept d'individuation et à celui de représentation. Questions d'autant plus ardues qu'elles doivent nécessairement être placées dans une perspective développementale et évolutionniste.

« Nous voici donc revenus à Haeckel. Pour peu de temps, cependant, puisque, quittant le XIXᵉ siècle, nous allons sauter les décennies pour tracer les contours de la première théorie capable de rendre compte des faits spécifiquement biologiques que sont l'hérédité, le développement et l'évolution, et cela sans référence à la nature matérielle ou physique du vivant, tenue pour acquise, mais non théoriquement pertinente.

« C'est dans les années soixante-dix que furent découverts chez une mouche, la drosophile, des gènes dont les mutations conduisent à des modifications morphologiques très importantes. Étaient ainsi mis en relation des événements de mutation d'un gène et des modifications morphologiques tridimensionnelles, découverte susceptible de nous éclairer sur la base moléculaire de l'atavisme morphogénétique. Il est remarquable que, chez ces mutants, n'importe quel organe ne soit pas remplacé par n'importe quel autre. Si, par exemple, l'antenne peut être transformée en patte ou l'œil en aile, jamais on n'observera de pattes à la place des ailes ou d'antennes à la place des yeux. Ces contraintes dans les modifications morphologiques ont fait dire que l'œil, le balancier et l'aile sont des organes homologues, comme sont homologues la patte et l'antenne. C'est pourquoi ces mutations ont été dites homéotiques, l'organe d'un segment étant remplacé par l'organe homologue d'un autre segment.

« Ces homologies suggèrent une proximité morphologique et évolutive, non immédiatement évidente, entre des séries d'organes. D'où le scénario évolutif suivant, bien entendu imaginaire, dans lequel un organisme primitif formé, par exemple, d'un seul segment porteur d'une paire de pattes et d'une paire d'yeux se dupliquerait en un organisme à deux segments avec deux paires de pattes et deux paires d'yeux. Deux paires d'yeux sont bien inutiles, ma foi, et la redondance autorise la mutation d'une paire d'yeux en paire d'ailes, avantageuse pour la fuite ou l'exploration d'autres environnements. Une autre duplication peut permettre à une deuxième paire d'ailes d'être transformée en balanciers stabilisant le vol, etc. Si on réfléchit à ce scénario imaginaire, on perçoit tout de suite l'existence d'un lien entre la duplication du segment corporel et celle d'une région chromosomique porteuse des gènes " œil, patte "... De fait, le chromosome contient, physiquement, une représentation du corps : un homunculus ou, si l'on préfère, un drosophiloculus.

« Les gènes homéotiques responsables de l'organisation morphologique de segments corporels, ceux dont les mutations produisent ces changements monstrueux, codent pour des protéines qui régulent l'expression d'autres gènes. Cette régulation requiert que les protéines homéotiques se fixent sur l'ADN. Elles le font grâce à une séquence de soixante acides aminés, l'homéodomaine, dont la structure est conservée à un point tel qu'elle a été retrouvée dans tous les embranchements des règnes végétaux et animaux et qu'elle a permis de démontrer l'universalité de gènes structurellement et fonctionnellement similaires.

« Chez les insectes, ces gènes sont comme disposés séquentiellement sur un chromosome, à la façon de perles sur un fil. Un promeneur qui se déplacerait d'une extrémité à l'autre de ce chromosome rencontrerait successivement les différents gènes homéotiques. Comme je viens de le souligner dans mon scénario évolutif imaginaire, il existe une correspondance entre la localisation chromosomique d'un gène et la position corporelle de l'organe dont ce gène régule la forme. Cette congruence entre les deux topologies, génique et organique, confirme l'existence d'une projection de l'espace chromosomique sur l'espace corporel, le corps de la drosophile étant comme dessiné sur le chromosome, comme représenté.

« Chez les vertébrés, nous n'avons plus un, mais quatre colliers de perles, les gènes homologues de ceux dont nous venons de parler dans le cas des insectes étant au nombre de quarante environ et disposés sur quatre chromosomes. Ces gènes présentent, chromosome par chromosome, des similitudes suffisamment fortes pour suggérer que les quatre chromosomes dérivent probablement de deux duplications à partir d'un seul chromosome initial. Ces duplications ont permis des variations des structures géniques et, par conséquent, des enrichissements de la structure spatiale et temporelle du corps : il existe, en effet, une relation entre la position du gène sur le chromosome et le temps de son expression.

« Il est spectaculaire de constater que les gènes disposés le long des chromosomes de vertébrés présentent de grandes similitudes avec les gènes de drosophile et que l'ordre physique des gènes apparentés est conservé entre les deux espèces. Au-delà de l'existence ainsi suggérée d'un ancêtre commun aux vertébrés et aux insectes, la conservation, au cours de l'évolution, de l'organisation physique des gènes le long des chromosomes – organisation qui, j'insiste, a une correspondance organique – indique la présence d'une contrainte biologique incontournable, qui a probablement trait au temps et à la durée d'expression de ces gènes au cours du développement.

« Il y aurait donc chez les vertébrés quatre homunculus couchés le long des quatre chromosomes, et chez la drosophile un seul homunculus, lui-même couché le long du chromosome unique (en réalite cassé en deux), tous ces homunculus, qui sont autant de représentations spatio-temporelles du corps dans le génome, étant apparentés. Cent soixante ans plus tard, il s'agit bien d'une victoire des thèses à consonance romantique de Geoffroy Saint-Hilaire dans le débat qui l'opposa à Cuvier et au cours duquel, voyant dans les segments cuticulaires les analogues morphologiques des vertèbres, il défendit – en vain – l'existence d'une origine commune entre les vertébrés et les insectes.

« J'ai tenu jusqu'ici pour acquis que les gènes homéotiques sont exprimés dans le système nerveux. Cette expression dépasse bien entendu ce seul tissu, même si elle y est plus importante et, surtout, apparemment plus prolongée qu'ailleurs, certains gènes à homéoboîte étant transcrits dans les cellules nerveuses adultes. Il est temps cependant de faire état d'une vraie difficulté liée aux questions de représentation et d'individuation. En effet, les gènes dont j'ai parlé, ceux qui sont liés en complexes sur quatre chromosomes, ne sont exprimés, pour ce qui est du système nerveux, que dans la moelle épinière, depuis sa partie caudale jusqu'à un niveau antérieur correspondant à la frontière rhombencéphale-mésencéphale. C'est dire qu'ils sont absents, entre autres, du cortex et de nombreuses régions sous-corticales. L'homunculus serait-il sans tête ou sans cervelle ? On admettra qu'il y aurait là, si tel était le cas, comme une lacune.

« C'est en recherchant les gènes exprimés dans les régions céphaliques de la drosophile et en faisant le pari que des gènes similaires existaient dans le cerveau des vertébrés que la présence d'homéogènes cérébraux a pu être démontrée. Cette découverte confirme les homologies entre vertébrés et invertébrés. L'étude de l'expression spatio-temporelle de ces gènes indique que le cerveau peut être divisé en différents compartiments et ce sur la base de la combinatoire des gènes exprimés dans chacun de ces domaines. Certaines expériences suggèrent un probable rôle morphogénétique de ces gènes cérébraux dans la construction des différentes régions du cerveau. La possibilité d'une segmentation du prosencéphale, c'est-à-dire de la partie antérieure du cerveau, celle qui donne naissance au cortex, ne fait plus bondir ceux-là mêmes qui, durant des années, n'avaient pourtant cessé de mettre en garde contre l'analogie entre vertébrés et invertébrés, et qui, il y a peu, tenaient pour farfelue l'hypothèse de l'existence de protéines à homéodomaine dans le cortex. En science comme dans toutes les disciplines où l'on invente, les Monsieur Prud'Homme sont les censeurs du jour et les révolutionnaires du surlendemain. Les voici donc prêts à toutes les fausses audaces et prompts à nous vouloir drosophiliser. Minute papillon ! Pas si vite.

« L'hypothèse selon laquelle la forme d'un organe cérébral serait liée à une combinatoire de gènes exprimés est évidemment séduisante. Elle éclairerait d'un jour nouveau la compréhension de la nature atavique de la forme des " organes cérébraux ", centres de la vision, de l'audition... Elle permettrait de proposer que de nombreux événements ayant contribué à des changements morphologiques significatifs lors de l'apparition de nouvelles espèces (augmentation ou diminution de la taille relative de certaines aires cérébrales, voire apparition d'aires nouvelles) ont consisté en la mutation de certains gènes de développement ou dans des modifications du moment ou de la durée de leur expression au cours de l'ontogenèse.

« Seulement, alors que pour les régions du système nerveux qui incluent la moelle épinière et se prolongent jusqu'à la base du cerveau l'espace morphologique semble bien correspondre à un espace génétique, l'homunculus étant couché/ représenté sur les chromosomes, un tel isomorphisme topologique entre localisation chromosomique et site d'expression semble perdu au niveau du cerveau, les gènes de développement impliqués dans sa construction étant dispersés dans le génome. Ces gènes sont bien présents, mais ils ne sont pas organisés en homunculus génétiques. La vision du cerveau drosophile fondée sur un isomorphisme entre les topologies génétiques et organiques ne tient plus et, si dessin génétique il y a, alors ce dessin est disloqué, éclaté, éparpillé.

« Il existe pourtant des homunculus dans le cerveau, mais ceux-là ne semblent pas, à première vue, de nature génétique, mais physiologique. Depuis les premières expériences, faites sur le cortex à vif des mourants des champs de bataille, on a énormément progressé dans la connaissance des zones qui, stimulées, entraînent le mouvement de tel ou tel membre. Dans le cortex et dans ses profondeurs sous-corticales, on connaît également les domaines dont l'activité est initiée par les stimulations sensorielles. C'est ainsi qu'on peut dessiner dans le cerveau différents homunculus moteurs, sensoriels, pensifs, qui sont autant de représentations de notre corps. Chacun qui aura feuilleté un ouvrage, même ancien, de physiologie n'aura manqué de s'arrêter sur ces représentations distordues, baroques et gargouilleuses, mais bien identifiables, du corps. Chaque région étant représentée en raison de l'importance de son innervation motrice ou sensorielle, il s'agit donc de la taille physiologique des organes et non de leur taille réelle. De nouveau ce terme vient sous ma plume : représentation.

« Cette représentation a cependant un support physique : les fibres nerveuses qui partent vers la périphérie ou qui en viennent. Elle correspond donc à un ensemble de projections matérialisables, et identifiables dans les cas, toujours malheureux, mais parfois bien utiles pour la science, de lésions. Nous nous trouvons donc dans un système dans lequel les homonculus cérébraux n'ont pas de représentation génétique directe, mais sont, par le biais des innervations sensorielles et motrices, en rapport physique avec le corps moteur et sensoriel qui, lui, en revanche, est représenté par les quatre homunculus génétiques couchés le long des quatre chromosomes évoqués plus haut.

« On aura compris que si les homunculus cérébraux, les cartes motrices et sensorielles, sont représentés dans le génome, c'est par le biais du corps et que leur distorsion est la conséquence de ce passage obligé par le corps. Nous assistons donc à un système d'emboîtement des représentations et des niveaux de réalité, depuis le génome jusqu'au cerveau, en passant par le corps. Comment se fait concrètement cet emboîtement ? Comment la forme interne – le moule de Buffon – se projette-t-elle sur la morphologie de l'organisme ? Comment celle-ci impose-t-elle sa représentation cérébrale dans un processus analogue à une sécrétion ? Il est trop tôt pour le dire, même si l'on peut être séduit par l'idée avancée par certains biologistes qui, ne manquant pas de culot, voudraient que les fibres en provenance du corps sensible sécrètent dans le système nerveux central les protéines à homéodomaine, transportant ainsi l'homunculus génétique de la périphérie vers le cerveau, comme pour l'y imprimer.

« En examinant le concept de représentation à cette aune, on comprend que l'imaginaire est toujours un corps, car c'est l'homunculus qui pense et l'homunculus est corps, multiplement tel en réalité si l'on considère le nombre et la diversité des homunculus. Vouloir donc que la pensée soit un travail sur une représentation, c'est opérer une séparation fatale qui, décorporéisant la pensée, la rend comme morte ; c'est réintroduire un dualisme vitaliste qui sépare la fonction de son substrat, c'est substituer au réel la métaphore de l'ordinateur ; c'est réduire la logique du vivant à la logique mathématique. Le corps vivant n'est pas plus une machine douée d'intentionnalité que les fauteuils ne sont des commodités de la conversation, n'en déplaise aux précieuses.

« Les différents homunculus agissent de façon généralement coordonnée, parfois hiérarchique, tout particulièrement au cours du développement, mais il leur reste une part d'autonomie, chacun pouvant, à l'occasion, se dépenser pour son propre compte ou presque. Ce sera l'expérience du rêve, de la création artistique et, peut-être, de la folie. Mais c'est sans doute au cours du développement que ce rapport entre les homunculus cérébraux, les déterminations géniques et l'expérience sensorielle, avec toutes ses modalités corporelles, prend le plus d'importance, parce qu'il a directement à voir avec le processus d'individuation.

« Que l'on prenne un organisme de petite taille, à temps de développement court et à reproduction rapide, alors l'homunculus génétique sera dominant et la morphologie de l'animal sera pour ainsi dire entièrement déterminée par ses gènes. Chez de tels animaux, comme les nématodes, la forme physique est pratiquement superposable à la forme génétique, tous les individus se ressemblent, l'individuation est réduite à sa plus simple expression. Ces animaux sont presque des machines, à ceci près toutefois qu'elles se reproduisent et que, pour important que soit le déterminisme génétique, il n'est pas total. Une telle stratégie de développement laissant peu de place à l'individuation correspond à une stratégie évolutive, l'adaptation se faisant par la sélection de mutants. La théorie du gène égoïste est là parfaitement adaptée, sociobiologie et cognitivisme computationnel ont partie liée, et directement encore, en ce qu'ils privilégient l'homunculus génétique par rapport aux autres homunculus et réduisent le processus d'individuation. D'où l'exploitation qui en est faite par les idéologues du darwinisme social, si puissants dans le monde anglo-saxon. »

LEANORE : Vous voyez ce que je vous disais, Los Angeles est d'accord avec moi.

Elle était aux anges. Après avoir informé ses amis que la fin du texte approchait, Honoré replongea dans la lecture du manuscrit : « Si nous prenons maintenant un organisme dont le temps de développement est long, la forme physique, tout en restant contrainte dans l'enveloppe constituée par le moule génétique, est influencée, modifiée, travaillée par le temps du développement, autrement dit par l'histoire de l'individu. Allons plus loin, considérons les homunculus cérébraux, dont le développement n'est jamais achevé de par la nature néoténique de l'organe cérébral : nous comprendrons que leur forme, bien qu'enfermée dans le cadre général qui définit l'espèce, est en perpétuelle déformation du fait non seulement des afférences sensorielles de toutes modalités, visuelles, auditives, affectives, sociales, mais également de l'activité propre des homunculus cérébraux eux-mêmes. La stratégie adaptative chez ces organismes a donc consisté à sélectionner des gènes qui permettent d'échapper partiellement à la contrainte génétique, l'adaptation se faisant, pour l'essentiel, au niveau de l'individuation, qui est ici extrême, libérant l'espèce de la nécessité de produire, à chaque génération, un nombre important de descendants.

« C'est en ce sens que les individus – humains en particulier – sont des individus extrêmes, parce qu'ils sont des individus socio-extrêmes. Être matérialiste, c'est admettre que la construction cérébrale est aussi une histoire individuelle et que la pensée n'est pas déposée dans le cerveau sous la forme de réseaux rigides – voire génétiquement déterminés. C'est admettre qu'elle constitue, bien au contraire, un phénomène historique, culturel et social qui – à l'intérieur de limites génétiquement déterminées et différentes pour chaque espèce – prend sa source dans les modifications épigénétiques qui ne cessent qu'avec la vie. La pensée n'est rien d'autre que de la forme et de la déformation, et l'on peut compléter en la retournant la formule de Cabanis en proposant que si " le cerveau sécrète la pensée comme le foie sécrète la bile ", c'est bien parce que – dans les limites imposées par l'appartenance à l'espèce – la pensée sécrète aussi le cerveau. Nous retrouvons l'équation identitaire corps = pensée = corps dans toute sa sadienne beauté.

« Alors la forme devient mémoire, mémoire de l'espèce, parce que le génome dont nous héritons a lui-même une forme, à cause de la disposition géométrique des gènes de développement, et une temporalité, par le rapport entre la place sur le chromosome et le temps de l'expression. L'homunculus génétique signe la parenté avec d'autres formes animales, présentes ou éteintes. Cette forme générale, qui permet de distinguer un chimpanzé d'un homme, est liée au patrimoine génétique de chaque espèce.

« Mais elle est aussi mémoire individuelle. Dans des organismes peu sujets à une plasticité épigénétique, cette part individuelle est faible. Par contre, dans d'autres espèces – la nôtre en particulier – elle prend une place considérable. Cette mémoire est fondée sur des processus physiologiques comme la force des synapses mais aussi sur les régulations épigénétiques qui, massives au cours du développement, se poursuivent jusqu'à la mort. Les deux mémoires, celle de l'espèce et celle de l'individu, sont fortement liées à des processus morphogénétiques dans lesquels les gènes de développement jouent un rôle prépondérant. Les nouvelles techniques de transgénie offrent la possibilité de faire entrer la création raisonnée de formes inédites dans le champ de la biologie et donc d'initier une période nouvelle pour les sciences de l'évolution, en passe de devenir expérimentales.

« La question des mémoires nous ramène aux sciences cognitives qui mettent la physique en position d'idéal des sciences, y compris des sciences biologiques. Cette philosophie, qui n'est pas sans sectarisme, suppose que l'on pourra unifier au sein d'une même théorie l'ensemble des sciences biologiques et physiques. Les chercheurs qui se réclament de ce mouvement ont à leur actif, dans de nombreux domaines de la biologie, des succès majeurs. On ne saurait pour autant ignorer le développement d'une autre conception théorique, celle dont je viens de tracer les contours et qui seule peut tracer la voie d'une autonomie inéluctable des sciences biologiques.

« Cette théorie, parce qu'elle est proprement biologique, est la seule véritablement matérialiste et moniste. Elle congédie, en effet, toute représentation du vivant comme machine, que cette machine soit douée d'une âme, mue par le désir ou habitée par l'intentionnalité. »

Honoré se tut, prit une gorgée d'eau, et attendit un instant que quelqu'un rompît le silence. Chacun était frappé de la similitude des idées exposées dans ce texte qui, venu de l'étranger, avait rejoint la sérénité de son étui, et des propos tenus au cours des nombreuses discussions des dernières journées. Leanore se risqua à exprimer ce que tous ressentaient.

LEANORE : C'est étonnant de voir à quel point les idées de Los Angeles Terrible sont proches de celles d'Honoré et de Paul, que, il faut le dire, nous avons faites nôtres en très peu de temps.

Marc frissonna.

HONORÉ : Tu as froid, Marc. L'air est encore fort tiède, pourtant.

MARC : Certes, mais il y a dans l'engendrement de toute pensée sublime une secousse nerveuse qui se fait sentir dans le cervelet.

La discussion fut malencontreusement interrompue par un des paysans du château qui était arrivé avec un téléphone portatif : communication urgente pour Honoré. Celui-ci prit l'appareil, il hochait la tête et semblait embarrassé. Quand il eut raccroché, il répondit aux interrogations muettes des séminaristes.

HONORÉ : C'est le grand-oncle maternel de Laure, il annonce sa venue pour demain. Je n'ai pas cru possible ni souhaitable de l'en dissuader. Il avait l'air fort sévère et ce n'est pas, Laure le sait, un homme facile. Il fut en son temps un grand philosophe, bien que peu se souviennent aujourd'hui de la nature de ses travaux. À quatre-vingt-dix ans, il est l'une des autorités morales que compte la Suisse. Cela nous promet une journée difficile. Je conseille à chacun de se retirer et, pour une fois, de ménager ses forces.

Il fallut donc revenir au château. Honoré passa prendre à la bibliothèque le livre des supplices qu'il avait l'intention de feuilleter avant de s'endormir. Mais l'ouvrage avait disparu. On le retrouva le lendemain matin au pied du lit de Laure. Tout indiquait qu'il y avait été jeté avec une certaine violence.

L'anature de l'Homme

La demeure avait été mise en un ordre impeccable, malgré l'heure matinale, quand une limousine noire recouverte des poussières de la route s'arrêta à l'endroit exact où Honoré et ses amis avaient accueilli Laure peu de jours auparavant. Ce fut un tout autre spectacle.

Honoré avait mis grand soin à sa toilette, arborant sur une chemise d'un blanc éclatant un costume de lin élégamment froissé. Il attendit que le chauffeur, David, un immense Noir portant des lunettes rondes cerclées d'écaille, ait ouvert la portière du côté de la gouvernante, une femme encore jeune mais d'aspect sévère, qui jamais ne quittait un homme qu'elle servait fidèlement depuis plus de vingt ans.

Rebecca, tel était son nom, sortit, précédant le redoutable vieillard qui se déplia de toute sa haute stature. Il portait, malgré la saison, un costume sombre dont les raies fines et verticales soulignaient encore, si faire se peut, la haute stature et une maigreur toute philosophique. Un point rouge à la boutonnière attestait la reconnaissance internationale, à tout le moins francophone, des vertus du grand homme. Il était Commandeur et c'est ainsi qu'on l'appelait.

Son faciès de momie évoquait irrésistiblement une allégorie de la mort tant la peau épousait au plus près les lignes de l'ossature. Le nonagénaire avait cependant conservé du ressort et ne s'appuyait que légèrement, comme avec désinvolture, sur une canne dont il ne se séparait jamais, pas même durant son sommeil, auquel on disait qu'il ne consacrait que quelques pauvres heures par jour.

Le crâne du vieil oiseau, recouvert d'un duvet léger et enfantin, était vissé sur un cou raidement encerclé d'une cravate noire piquée d'une épingle à tête de perle, seule coquetterie apparente de sa mise. Jaillissant de part et d'autre de la pomme d'Adam proéminente, de longs poils blancs d'une incroyable épaisseur semblaient vouloir colmater la brèche entre le col amidonné et le cou trop maigre. Les mains, longues et manucurées, étaient elles-mêmes couvertes de cette incroyable toison. On ne pouvait, en le voyant, douter un seul instant des origines de l'homme.

HONORÉ, *réprimant le cours naturellement ironique de ses réflexions* : C'est un grand honneur pour moi de recevoir dans cette maison l'immense philosophe dont la pensée, ayant largement dépassé, par sa force, les frontières de l'Helvétie, sert aujourd'hui de fondements, pour ainsi dire naturels, à la morale du monde.

Le compliment avait été préparé. Le Commandeur, qui n'était pas insensible à la flatterie, se rengorgea.

LE COMMANDEUR : Je vous remercie, mais le moment est hélas peu propice aux civilités. Soyez gentil de me conduire à ma chambre. L'heure de ma piqûre quotidienne approche et tout retard risquerait de provoquer une crise, situation embarrassante pour vous comme pour moi.

Honoré prit les devants, marchant à pas mesurés, suivi du Commandeur. Derrière venait David, qui portait deux lourdes valises en buffle, puis Rebecca dont le nom était en parfaite harmonie avec un chignon haut perché et des lunettes dont les montures hollywoodiennes avaient été à la mode dans les années cinquante. Parvenu dans sa chambre, la plus belle et la plus spacieuse de la demeure, le Commandeur se précipita sur le lit, s'enfonçant, comme avec dégoût, dans le moelleux de l'édredon, puis se retourna sur le ventre. Rebecca, d'un geste vif et précis, dévoila un fessier dont l'abondante pilosité masquait mal l'affaissement comme si la peau avait été vidée de toute substance, et y planta une seringue préparée pour l'injection.

Le liquide mystérieux et opalescent était d'une

action rapide : le philosophe parut immédiatement ragaillardi. Honoré en profita pour indiquer leurs chambres à David et Rebecca. Les trois mêmes revinrent vite tenir compagnie au vieillard.

Ils avaient, en cela, été précédés par toute la compagnie, maintenant pressée autour de l'immense lit, comme pour assister la mort d'un patriarche. Les cheveux de Laure, défaits, absorbaient la lumière matinale. Honoré, hésitant, ne savait encore s'il entrait dans un tableau de Le Nain ou de Delacroix. Le Commandeur était animé d'une belle et vocale énergie et Honoré fut immédiatement frappé par l'air attentif et amusé de ses amis. Quelque événement semblait s'être produit qui avait transformé l'atmosphère tendue et même lugubre en fête printanière. Honoré n'avait pas entendu le début de la conversation mais fut vite éclairé par la suite du discours brièvement interrompu par son entrée.

LE COMMANDEUR : Il faut bien que je l'admette, j'ai pu dans ma jeunesse croire à l'existence d'un être surnaturel, et, pour ne rien vous cacher, à quoi bon puisque j'arrive à l'extrême limite de ma vie *(il semblait s'adresser particulièrement à Laure)*, j'ai même été prêtre. Mais je fus, si l'on peut dire, converti au chevet d'un libertin auquel je voulais à toutes forces faire abjurer ses péchés avant qu'il ne retournât au néant. Quelle ironie ! Je n'en ai pas oublié la leçon.

MARC : Il me semble avoir lu une histoire semblable.

LE COMMANDEUR : Les dates sont trop éloignées, cher enfant, pour qu'il puisse s'agir de moi, mais les circonstances sont en effet étrangement similaires. Au détail près que, dans mon cas, le libertin est bel et bien mort, ce qui n'est pas clairement établi dans *Le dialogue entre un prêtre et un moribond*, auquel vous faites allusion. Je dois dire que ce libertin-là m'a rendu un distingué service, ma vie n'ayant depuis lors été qu'une longue suite d'heures consacrées aux plaisirs du corps et de l'esprit, David et Rebecca vous le confirmeront sans peine. Voilà comment je suis devenu philosophe.

PAUL, *vaguement ironique* : Et moraliste ?

LE COMMANDEUR : Mes traités de philosophie sont en effet fort connus. Je me flatte d'avoir contribué, après bien d'autres, à jeter les bases d'une morale naturelle. Il n'y a d'ailleurs rien là d'extravagant ni de contradictoire, au contraire, avec une vision du monde radicalement athée.

HONORÉ : Mais vous n'êtes pas particulièrement réputé pour vos opinions matérialistes, membre comme je le crois de toutes les académies, y compris de celle qui demande, pour y siéger, l'approbation papale.

L'œil noir et rond du vieil éléphant s'alluma d'une lueur joueuse : Et vous en savez quelque chose, jeune homme (*Honoré rosit de plaisir, il y avait bien longtemps qu'on ne lui en avait servi du jeune homme*) vous qui auriez pu en être, de cette Académie-là, sans votre conférence superbe, mais scandaleuse, sur les origines simiesques des passions humaines. J'étais présent ce jour-là et j'ai pris grand plaisir à vous écouter ; mais je n'étais pas si simple que de vous soutenir. Voyez-vous, j'aime les honneurs et je ne rechigne pas à dissimuler ma pensée dès lors que j'y verrai un avantage. Les multiples biens symboliques auxquels les positions honorifiques donnent accès ont aussi leur valeur sur le marché des plaisirs, et à mon âge...

HONORÉ : Je le sais bien, mais...

LE COMMANDEUR : Mais vous êtes trop impétueux, ou trop honnête, ou simplement trop hésitant. La gangue calviniste vous colle encore un peu à la peau. Ah ! Je vois bien que vous ne tenez pas aux honneurs autant que vous le prétendez. Au fond vous êtes plus moraliste que libertin.

LEANORE : Tout le monde ne saurait être cynique jusqu'à l'os.

LE COMMANDEUR : Esprit de survie, ma chère, simple esprit de survie.

Le visage émacié semblait animé d'une vie profonde et marquait assez que le Commandeur jouissait intensément de la surprise créée par son propos. Il saisit la main de Laure et l'attira au plus près de lui. Sa voix s'était faite douce : Ne crois pas cependant, Laure, que je renie ce que j'ai pu écrire, car le fondement de ma philosophie est bien l'existence d'une morale ; mais cette morale n'est pas imposée par un Dieu, non, mais par la nature : elle est inscrite en nous, animaux sociaux, par la nécessité évolutive.

HONORÉ et PAUL, *ensemble* : Les bases naturelles de l'éthique !

LE COMMANDEUR : Certes, car il faut bien l'admettre, le besoin de règles du jeu social en tant qu'il est une nécessité dans le maintien de la cohésion des sociétés animales correspond à une donnée biologique. L'examen de la vie tribale des grands singes et les différences évidentes, dans ce domaine, entre les espèces montrent bien qu'il existe une part innée, donc probablement atavique, génétique, dans le comportement social. La sélection de ces comportements doit, de ce fait, nécessairement correspondre à la préservation au travers des générations d'un certain nombre de gènes favorables à la survie du groupe, de l'espèce. Et pour en revenir à l'homme, son origine commune avec les autres primates oblige d'envisager et même, au-delà, d'admettre comme une vérité scientifique qu'il possède certains gènes jouant un rôle fondamental dans les structures sociales. C'est à ce titre que je prétends qu'il existe une morale naturelle, c'est-à-dire une règle comportementale imposée par la nature.

LEANORE : Je vois bien le propos et sa logique, mais ce n'est pas parce que nous descendons du singe – tous ici l'admettent bien volontiers – que nous en avons gardé tous les stigmates. Nous aurions pu perdre vos gènes de la socialité comme nous avons perdu les poils ou les pouces opposés aux doigts au niveau des membres inférieurs.

HONORÉ : En effet, et, pour développer l'argument de Leanore, j'ajouterai que, si gènes il y a, ces gènes sont certainement liés pour une grande part au développement cérébral, dont nous connaissons la nature néoténique. Je veux donc bien que la morale soit un organe, comme vous le proposez, mais un organe dont le développement est modulé par les interactions épigénétiques et donc de forme variable selon les individus. Chacun sécrétant sa propre morale en raison même de son histoire propre, y compris sociale.

LE COMMANDEUR : Que nous importe, au fond, que cette sécrétion, comme vous dites, soit génétique ou épigénétique ! Seul compte qu'elle soit rendue possible par la nature humaine de l'homme. Par conséquent, d'une certaine façon, elle est innée, quand ce ne serait qu'en puissance. Ne me faites pas dire ce que je n'ai jamais pensé. L'éthique des singes diffère nécessairement de celle des hommes et je suis prêt à admettre que la nature éminemment néoténique du cerveau humain, en même temps que ses performances langagières, qui augmentent considérablement les capacités d'interaction sociale, ne sont pas étrangères à cette différence.

PAUL : Nous vous suivons parfaitement et pour ma part j'ajouterai que le langage lui-même doit être considéré comme un organe dont le développement est étroitement lié à l'histoire individuelle. Admettez seulement que si l'individuation humaine est poussée au point que chacun sécrète sa propre morale, le discours habituel sur le fondement naturel de la morale qui confère à cette dernière une légitimité génétique justifiant, à son tour, une prétention à l'universalité paraît difficile à tenir.

HONORÉ : C'est bien pourquoi, cher Commandeur, aussi habile soyez-vous à moduler votre assertion première, il importe beaucoup que les règles générales de comportement nécessaires à la cohésion sociale soient également particulières à chaque groupe, voire à chaque individu. Il faut être extrêmement prudent quand on manipule la notion de nature, surtout quand il s'agit d'espèces aussi évoluées que la nôtre. La sélection naturelle n'a pas, en effet, sélectionné tel ou tel comportement qui apparaîtrait donc comme naturel et pourrait être posé comme une règle universelle participant d'une éthique générale, des droits de l'homme ou du chimpanzé. Non, les gènes hérités de nos ancêtres, produits de la sélection naturelle, présentent sans doute des avantages sélectifs, mais ils ont cette caractéristique de nous permettre d'échapper à la contrainte génétique. C'est justement parce que ces gènes autorisent une construction du système nerveux sensible jusque dans le moindre détail morphologique à l'histoire individuelle que nous sommes ce que nous sommes, à la fois individus extrêmes et individus sociaux, individus extrêmes parce que socio-extrêmes.

LE COMMANDEUR : Mais que devient dans ces conditions la notion de nature ? Il me semble que vous la faites aisément disparaître, et votre référence à la sélection de gènes permettant d'échapper à la contrainte génétique a tous les aspects d'une clause de style ; le coup de pouce du départ, la pichenette.

HONORÉ : Erreur, voyez-vous, cette notion ne disparaît pas. Mais de même qu'il est impossible de distinguer l'inné ici et là l'acquis, l'inné n'étant pour l'individu qu'une potentialité ouverte à un nombre infini d'acquis auxquels on doit faire correspondre un nombre tout aussi infini de structures cérébrales ; de même on ne saurait distinguer une nature humaine de ce que vous me permettrez d'appeler une antinature.

LAURE : On frémit de l'importance de l'enseignement donné par les maîtres.

PAUL : Certes, et Honoré a raison, il faudrait en fait postuler que la nature de la nature humaine est très précisément d'être une antinature. Et si nous devions chercher à l'éthique des bases naturelles, c'est probablement du côté de cette anti-nature que les recherches devraient s'orienter.

LAURE : On pourrait donc poser comme moraux par nature les comportements communément considérés comme antinature, voire contre nature ?

LEANORE : Voilà qui nous amènerait à des

paradoxes plaisants, les comportements que la morale commune considère comme contre-natu- redevenant les fondements d'une éthique proprement humaine.

MARC ET CLAUDE, *s'exclamant d'une même voix* : La sodomie, fondement de l'éthique ?

PAUL : Et pourquoi non ? Ce point de vue a déjà été développé au XVIIIᵉ par Sade, sans doute le plus radicalement matérialiste de tous les philosophes de ce siècle, plus même que Diderot. N'oublions pas que la défense et l'illustration de la sodomie au XVIIIᵉ siècle prennent le sens très particulier d'une défense de la sexualité de pur plaisir, sans finalité de reproduction, péché mortel s'il en fut. Sous la plume de Sade, la sodomie devient effectivement l'emblème d'une morale humaine capable de tracer une distinction entre reproduction et sexualité, d'arracher l'homme à la dictature d'une nature soi-disant divine.

LE COMMANDEUR : Si on suivait votre philosophie, il n'y aurait plus ni bien ni mal. Il faudrait admettre tous les comportements, y compris les plus pervers. Et obéir à la nature humaine, ou plutôt à sa contre nature, comme dirait Honoré, ouvrirait la porte à tous les dérèglements, légitimant non seulement les perversions sexuelles, mais aussi et, pourquoi non, le meurtre. Ce serait la domination du plus fort dans un monde sans foi ni loi.

PAUL : C'est bien pour cela que toute référence à la nature, en tant qu'elle est donnée pour fondement d'une morale ou d'une éthique, est la source de dérèglements terrifiants. Sade en a fait la démonstration par l'absurde en décrivant ce qui se passerait si l'on obéissait aveuglément aux lois de la nature, justifiant par là même la nécessité de lois sociales qui protègent les faibles, mais qui ne sauraient non plus prétendre puiser leur légitimité dans un ordre naturel, encore moins dans un ordre divin, ni intervenir dans ce qui relève du simple dialogue entre soi et soi.

LE COMMANDEUR : Mais s'il n'y a plus de nature, il n'y a plus de contre-nature. Que nous reste-t-il ?

HONORÉ : Des phénomènes et des individus.

PAUL : Si nous considérons l'homme, on pourra en effet à juste titre prétendre qu'il n'y a que des individus dans la Cité. Ce pour quoi, s'il est souhaitable d'avoir des lois qui s'appliquent à tous, il est impossible d'établir une éthique qui convienne à chacun. Toute tentative d'établir une morale générale sera toujours une oppression à l'encontre de l'immense majorité, sinon de la totalité, des individus qui vivent en société. Elle se traduira immanquablement par des massacres, des tortures, des éliminations mille et mille fois plus cruelles, sauvages et détestables que n'importe lequel des comportements individuels prétendus pervers que les barbares et les inquisiteurs se seront donnés pour mission de réprimer et d'éradiquer. La religion n'est-elle pas la première cause de mortalité dans l'histoire de l'humanité ?

MARC : On évalue à plus de cinquante millions d'individus les pertes occasionnées par les guerres ou les massacres de religion. En est-il une seule d'entre elles qui vaille seulement le sang d'un oiseau ?

HONORÉ : On pourrait fort bien imaginer un scénario plausible d'évolution du cerveau humain dans lequel auront été sélectionnés les mécanismes donnant un avantage, le plus important possible, au rôle de la socialité dans la construction de l'organe. Nous en avons parlé avant votre arrivée (*il s'était tourné vers Le Commandeur*). J'aime à dire, personnellement, que la parole est née du face à face dans l'amour.

LAURE : D'où l'importance de la position antérieure du vagin, trait néoténique chez la femelle d'Homo sapiens.

HONORÉ : Remarque bien naturaliste mais non sans fondement.

LE COMMANDEUR, *visiblement intéressé* : Continuez, cher ami.

HONORÉ : Oui, car dans ce face à face de deux amants, au moment même où ils se livrent au plaisir, ce qui est échangé est, très précisément, du sens. Lire dans les yeux de l'autre la jouissance qu'on lui donne, laisser deviner celle qui vous est offerte, tel est le secret qui lie l'amour au sexe et le sexe à la parole et à la pensée. Toutes les modifications génétiques favorisant le jeu des affects amoureux n'ont pu être que l'objet d'une sélection positive. C'est là qu'il faut voir, là et nulle part ailleurs, la force qui a permis la co-évolution des aires du langage et les modifications des différents organes permettant l'exercice de la parole.

LAURE : Et la copulation dans la position du missionnaire.

LEANORE : Mais c'est une obsession !

LAURE : N'est-il pas merveilleux, cependant, cet échange de regards pendant l'amour ?

LE COMMANDEUR, *attendri* : Chère enfant !

HONORÉ : Mais au fur à mesure que les mutations s'accumulaient, favorisant l'apparition du langage, la nature humaine changeait de statut, laissant une place de plus en plus prédominante à l'histoire et à la culture dans le développement du cerveau humain. À tel point que ce cerveau, au terme actuel de notre histoire évolutive, n'est génétiquement humain que dans son incroyable propension à être modulé dans sa forme même par le processus d'individuation. Une fois la horde primitive dispersée, une fois envahis les mille espaces qui sont autant de foyers de civilisation, les gènes sont restés les mêmes, à peu de chose près, mais les cultures sont devenues différentes comme le sont devenus les individus peuplant ces îlots. Après cela, comment aller invoquer une morale universelle sans voir surgir immédiate-ment le spectre de l'ethnocide, du génocide et de la barbarie ?

LE COMMANDEUR : Vous êtes donc contre les

droits de l'homme protégés et garantis par le nouvel ordre mondial ?

HONORÉ : Je suis pour le droit des individus.

LE COMMANDEUR : Je ne demanderais qu'à me laisser séduire par ce discours, mais je doute de l'efficacité de lois qui n'iraient pas mettre un tant soit peu leur nez dans ce droit-là et contrôler ce qui se passe dans les alcôves et les cabinets des hommes. Un bon fonctionnement social ne saurait s'accommoder d'une jouissance individuelle, généralisée, anarchique, qui viendrait compromettre l'exercice comptable. C'est aussi par leur vie privée, intime, secrète, qu'il faut tenir les citoyens. L'organisation panoptique du monde exige une morale qui règle dans le détail la vie des individus et qui agit comme le prolongement nécessaire de la loi.

PAUL : Si la morale est le prolongement de la loi, elle n'en est donc pas le fondement naturel et c'est là tout ce qui nous importe. Nul ne contestera, d'ailleurs, la nécessité de lois sans lesquelles force serait laissée à la brutalité. Même si, pour ma part, je préfère les lois qui, tout en tenant compte des contingences sociales auxquelles vous êtes si attentif, ne mettent pas trop leur nez curieux dans les alcôves. Il me suffit cependant qu'on admette qu'aucune loi, aucune morale ne peut tirer sa légitimité d'une prétendue nature humaine et que toutes étant donc contingentes, toutes peuvent être également suivies, ignorées ou combattues.

LE COMMANDEUR, *hochant gravement la tête* : Une société sans loi est impossible.

HONORÉ : Certes, et non parce que la loi s'appuie sur la nature, mais parce qu'elle s'y oppose. Regardez de plus près les forces à l'œuvre dans une cellule sociale aussi respectable que la famille. Vous y trouverez toutes les tendresses de l'amour, mais aussi tous les ingrédients, autrement épicés, du sadisme et de l'inceste. Le plus souvent, ces penchants détestables sont contrôlés et maîtrisés, servant même de ciment à la cohésion du groupe. Chaque jour, cependant, la lecture des journaux nous informe de la fragilité de cette maîtrise, pour le plus grand plaisir des lecteurs qui se jettent sur les détails les plus crus et se délectent dans le fantasme de ce qu'ils condamnent dans le réel.

LEANORE : C'est la revanche de l'instinct, le retour de l'animalité.

LE COMMANDEUR : Le contrôle de l'animalité n'est pas le seul fait de la loi. Il relève également de la nature ou plutôt de la raison, et il y a un organe pour cela. Et là je vous tiens (*il s'était dressé dans son lit et jubilait*) puisque le cortex frontal, qui est cet organe, se trouve par conséquent du côté de la loi et qu'on peut donc dire que si le contrôle est social, il est aussi biologique. D'ailleurs, hors ce contrôle l'espèce serait bientôt anéantie.

PAUL, *sardonique* : Le fameux cerveau reptilien que le cortex contrôlerait, ce bon cortex qui, tel saint Georges terrassant le dragon, tiendrait en laisse le serpent lové dans notre hypophyse ou notre hypothalamus.

Il hésitait toujours, son ignorance de la physiologie était légendaire.

HONORÉ, *en rajoutant* : Vous croyez donc à ces fariboles, à ce mythe éculé du moteur sur la charrue ?

LE COMMANDEUR : Et pourquoi non ? N'est-ce pas vous qui disiez que si le plan du cortex est bien dans les gènes, sa réalisation, sa sécrétion, pour reprendre vos termes mêmes, est influencée par l'histoire sociale et individuelle ? Si le cortex est pour une part importante le produit de l'éducation, et si l'éducation englobe des règles morales...

MARC : Alors, pour changer la morale, il faut changer l'éducation.

LE COMMANDEUR : C'est une vérité bien ancienne que vous redécouvrez, mon jeune ami, mais en attendant, ces règles morales concrètement présentes dans la structure corticale contrôlent le cerveau hormonal. Je ne craindrai pas d'ajouter que si l'histoire individuelle a manqué à construire à temps le carcan, il est fondé, dans certains cas extrêmes, que la police ou la médecine fassent ce que le développement aura omis d'accomplir et détruisent chez les criminels les plus sauvages la source des hormones du mal. Les forces obscures ont en effet leur place dans le rêve ou dans l'alcôve, mais elles doivent rester interdites dans le salon. Tout se jouant dans l'espace d'ombre qui sépare l'un de l'autre, dans ce que le XVIIIe siècle appelait le boudoir.

HONORÉ : Je ne sais si je vous suivrai dans tous les détails de votre raisonnement, ayant personnellement peu de goût pour les traitements chimiques ou les exécutions capitales.

LEANORE : Il faut cependant reconnaître que Le Commandeur, quelle que soit sa conception personnelle de l'humanisme, évolue rapidement. Je note que, non content d'avoir renoncé aux gènes de la morale, il admet désormais que chacun sécrétant la sienne propre, il y aura bientôt autant de morales qu'il y aura d'individus. Je propose qu'on apporte immédiatement des rafraîchissements pour célébrer cette deuxième conversion.

LE COMMANDEUR : Admettons, puisqu'il s'agit de boire, mais concevez à votre tour que si j'abandonne le point de vue de la sociobiologie, si j'accorde que la morale admet des variantes individuelles, les règles générales distillées par les moyens de l'éducation harmonisent néanmoins sérieusement nos conceptions du monde. Ce qui rend assez évident que, pour passer avec un minimum de déboires à travers les différentes étapes de la vie, il est bon de contrôler son hypothalamus.

PAUL : Mais sommes-nous si sûrs que les forces du mal soient entièrement localisées dans l'hypothalamus ? Ne pensez-vous pas qu'elles ont envahi le cortex, à vrai dire le corps tout entier, depuis longtemps ?

LEANORE, *gourmande, passant voluptueusement la langue sur ses lèvres* : Je ne vois pas pourquoi le diable, qui a si bon appétit, se contenterait de la noisette hypothalamique. Je le vois bien croquant le cortex.

HONORÉ : Beau sujet pour un livre.

On avait apporté les rafraîchissements réclamés pour fêter la conversion du Commandeur et chacun dégustait sa boisson favorite. Marc et Claude s'entretenaient un peu à l'écart dans l'embrasure de la fenêtre, et la teneur de leur entretien ne parvenait pas aux protagonistes de ces échanges moraux. Ce n'étaient que chuchotements et rires étouffés. Le Commandeur, sous l'effet du champagne, semblait s'assoupir. Un mouvement général de retrait s'amorçait quand David prit subitement la parole. Si brusquement que chacun reprit sa position initiale.

DAVID : Excusez-moi d'intervenir dans un débat aussi savant. Sans doute est-ce un peu présomptueux de ma part, mais il me semble avoir lu récemment dans le *Washington Post* que ma sœur m'envoie régulièrement...

REBECCA : Tiens, j'ignorais qu'il eût une sœur.

DAVID, *imperturbable* : Que les savants de mon pays avaient induit de certaines particularités anatomiques, localisées, je crois, dans cet hypothalamus dont il vient d'être question, le caractère génétique de comportements sexuels et que l'on pouvait être gay comme on est...

REBECCA : Noir.

HONORÉ : On peut être les deux (*se retournant vers David*), n'y voyez aucune insinuation de ma part.

DAVID était aussi fort que bienveillant ; il ignora toutes ces interruptions : La communauté visée semble d'ailleurs avoir fait plutôt bon accueil à cette nouvelle.

MARC : Par Dieu, c'est sans doute du soulagement de n'être pas plus responsable de leur sexualité qu'on ne saurait l'être de la couleur de sa peau. Ce n'est pas ma faute, c'est celle de mes gènes ! À ce titre et à l'instar d'autres communautés, juive ou noire, les voilà installés dans la confortable pratique du ghetto. J'ai connu, à San Francisco, des tour operator qui faisaient visiter Castro street comme d'autres le Louvre ou le zoo de San Diego.

LEANORE, *pragmatique* : Il faut reconnaître que cette pratique facilite les opérations de police.

MARC : Tu ne crois pas si bien dire ! La prétendue responsabilité génétique ouvre la voie de la thérapie et je tiens que le ghetto n'est jamais loin de la clinique ni la clinique des camps.

HONORÉ : Apprends, mon cher David, qu'on ne saurait être sociobiologiste à demi et que si ton information était exacte, étant donné l'enthousiasme que mettent ces braves gens aux tâches de la reproduction de l'espèce, il faudrait supposer à ce trait génétique un singulier avantage sélectif. Voilà qui est sans doute suffisant pour démontrer l'inanité de telles suppositions et l'absurdité de nos modernes corydons. Il est aussi ridicule d'attribuer des talents particuliers aux gays, comme vous dites en Amérique, que de les charger de tous les péchés du monde.

Honoré avait parlé d'un ton définitif et chacun comprit que la discussion était close. David, penaud, s'excusa d'avoir déclenché ce débat et promit qu'à partir de ce jour il ne lirait plus le *Washington Post*. Il écrirait dans ce sens à sa sœur. Cette déclaration, dite d'un ton solennel, provoqua le rire et l'on but de bon cœur à la santé de l'excellent homme.

Laure seule semblait soucieuse, ce dont le Commandeur s'aperçut.

LE COMMANDEUR : Qu'y a-t-il, petite Laure, quelle pensée assombrit un front d'ordinaire lumineux ? Serait-ce ma deuxième conversion ? Me reprocherais-tu ma faiblesse face aux raisonnements de nos amis, ou n'est-ce là que la trace d'une fatigue passagère ?

LAURE : Je suis en effet troublée. Si nous admettons qu'il n'y a ni bien ni mal, et si contrairement à certains écrits, parmi lesquels les vôtres, je dois le dire, il faut abandonner comme puérilité vitaliste l'idée que les sentiments du beau, du bien et du vrai sont inscrits dans la structure des gènes et le mouvement des atomes ; si nous ajoutons, comme il vient d'être dit, que chaque individu sécrète ses propres conceptions éthiques et esthétiques et que notre histoire laisse une trace indélébile, quoique inachevée, sur notre corps, alors comment se fait-il que certains caractères réapparaissent sans cesse, si souvent marqués par la violence meurtrière et sexuelle, en dépit de l'opprobre attaché à ces horreurs ? Ne peut-on voir là l'indice d'une profonde et incontournable nécessité biologique ?

LE COMMANDEUR : Souviens-toi de ce qui vient d'être débattu. S'il y a une nature humaine, elle porte pour une bonne part les traits de cette horreur-là. C'est sans doute la raison pour laquelle il est raisonnable qu'une morale vraie ne puisse prétendre suivre les lois de la nature. Le diable, sois-en sûre, est présent en nous. La bête est là, tapie dans la jungle, et prête à bondir. Tous nos efforts d'êtres civilisés doivent tendre à ne la déchaîner que dans des conditions très particulières, et ce déchaînement contrôlé a un rapport direct avec la nécessité biologique dont tu parles. Disons-le tout net, avec le plaisir, la jouissance, qui participent, ne serait-ce que de façon indirecte, au processus général de la reproduction ; sans lequel notre espèce irait rapidement vers son extinction.

MARC : Ce ne serait pas un grand malheur. L'homme n'est pas plus nécessaire à la nature que ne le sont les pierres, les algues ou les insectes.

LE COMMANDEUR : Je vous l'accorde sans disputer, mais là n'est pas la question. La question, celle de Laure si je me fais fidèlement son interprète, est que nous les connaissons bien ces pensées qui accompagnent la jouissance, ou plutôt qui la produisent. Pour les avoir mille et mille fois côtoyées et expérimentées, nous savons qu'il vaut mieux qu'elles demeurent de l'ordre du fantasme individuel.

MARC : Ou collectif.

LE COMMANDEUR : Ah ! Qu'ils sont à plaindre, ceux qui ont besoin de traduire ces fantasmes dans le réel pour éprouver la jouissance ! Ils peuplent les prisons et les couloirs de la mort. Mais si ce n'est pour cette infime séparation entre la pensée et l'acte, il faut bien admettre que leur jouissance et la nôtre sont mues par des ressorts semblables, par un mouvement identique qui est celui-là même de la vie. Les malheureux incapables de se retenir, les *serial killers*, comme dirait David, ne sont pas très différents des gens ordinaires et c'est l'origine de la fascination qu'ils exercent sur nous. Nous sommes aussi étonnés d'avoir échappé à ce destin que de ne pas être singes et notre intérêt pour eux est cousin de celui qui nous retient, des heures durant, dans la contemplation des bonobos. Il est de la même nature : il s'en est vraiment fallu d'un poil.

Honoré, qui, depuis l'arrivée du Commandeur, était comme hynoptisé par son incroyable pilosité, ne put réprimer un sourire.

LE COMMANDEUR : Je vous assure, mon cher,

constatez-le vous-même, mes pieds sont fort humains.

Chacun put, comme Honoré, opérer cette vérification, le facétieux et imprévisible vieillard ayant tiré l'édredon vers le haut de son corps, dégageant ses membres inférieurs, peut-être d'ailleurs un peu plus haut que nécessité par la démonstration. Laure ferma les yeux, mais tous ses amis purent constater que les pouces étaient conformes aux critères de l'espèce.

LE COMMANDEUR : On ne peut pas plus survivre comme individu quand on accomplit dans le réel ce qui fonde fantasmatiquement notre plaisir – et j'admets là encore l'infini de la variabilité individuelle – qu'on ne le pourrait sur le plan institutionnel. Si l'Inquisition a disparu, ce n'est pas tant d'avoir pensé les supplices que de les avoir un peu trop pratiqués ; et si la peine de mort existe encore, y compris dans certains pays soi-disant civilisés et prompts à mettre leur force au service de l'ordre moral, il y a déjà longtemps que, dans ces pays-là, l'exécution ne se donne plus en spectacle. Ce serait bien trop dangereux pour l'ordre public. Nous avons parlé de Sade ; relis, chère Laure, le texte sublime des *120 journées*, refais avec son auteur le décompte morbide de ceux qui reviennent du château de Silling. Tu verras bien que la leçon de Sade est qu'il est impossible d'accomplir ce qui hante notre plaisir sans courir à l'extinction de l'espèce. Ce château est la forteresse des fantasmes, le lieu où tout est permis, mais en rêve ou en rêverie, dans la chambre ou dans le boudoir. Le libertin, le vrai, est celui qui sait tenir le monstre en laisse et qui jouit de sa férocité sans nuire à son prochain ; le libertin vrai est un littérateur.

Le Commandeur était lancé, il semblait découvrir sa pensée au fil de son propre discours. Dans un état quasi hallucinatoire, il ne s'était pas rendu compte que plus personne ne l'écoutait et que chacun était occupé par l'objet de ses amours ou de ses pensées. C'est donc son silence soudain qui réveilla l'attention de la compagnie. Rebecca s'approcha du lit, recula brusquement, poussant un cri déchirant, puis se précipita en pleurant sur le vieillard, dévorant son visage de baisers. David prit la malheureuse dans ses bras et l'arracha au spectacle qu'elle semblait ne plus supporter mais duquel elle ne pouvait détacher les yeux : celui d'un homme qu'elle avait aimé, dont le sourire paisible et indifférent marquait en cet instant qu'il était retourné pour toujours dans l'ordre de la nature.

Table

Imprimé par Lightning Source France
1 avenue Gutenberg
78310 Maurepas

N° d'édition : 7381-0316-Y

www.ingramcontent.com/pod-product-compliance
Lightning Source LLC
LaVergne TN
LVHW050605200726
843508LV00010B/1770